本书系 2022 年国家社会科学基金青年项目"中美数字技术国际标准制定竞争及我国对策研究"（项目批准号：22CGJ021）阶段性研究成果

国际组织
参与网络空间
国际规范构建研究

International Organizations' Role
in Constructing Cyberspace Norms

耿召◎著

中国社会科学出版社

图书在版编目（CIP）数据

国际组织参与网络空间国际规范构建研究 / 耿召著.
北京：中国社会科学出版社，2024. 12. -- ISBN 978-7-
5227-4503-9

Ⅰ. TP393.4-65

中国国家版本馆 CIP 数据核字第 2024SQ9816 号

出 版 人	赵剑英	
责任编辑	郭曼曼	
责任校对	周　昊	
责任印制	李寡寡	

出　　　版	中国社会科学出版社	
社　　　址	北京鼓楼西大街甲 158 号	
邮　　　编	100720	
网　　　址	http：//www.csspw.cn	
发 行 部	010-84083685	
门 市 部	010-84029450	
经　　　销	新华书店及其他书店	

印　　　刷	北京明恒达印务有限公司	
装　　　订	廊坊市广阳区广增装订厂	
版　　　次	2024 年 12 月第 1 版	
印　　　次	2024 年 12 月第 1 次印刷	

开　　　本	710×1000　1/16	
印　　　张	13.25	
字　　　数	208 千字	
定　　　价	69.00 元	

凡购买中国社会科学出版社图书，如有质量问题请与本社营销中心联系调换
电话：010-84083683

序

　　随着互联网与信息技术的迭代更新和飞速发展，网络空间已成为全球治理的重要场域，网络空间治理已成为国内外学界高度关注的热点问题，网络空间国际规范构建是其中的主要方向。作为各类行为体在网络空间的行为规范，网络规范覆盖各行业在与互联网等技术形态产生联系时所需遵循的各类规则以及规制互联网及电信产业运作的行业与技术标准，是一项跨学科研究议题。显然，制定各方认可的网络空间规范对于全球网络空间治理具有重要意义。网络空间规范建设涵盖普遍性的宏观规则与专业技术标准两个重要维度。与其治理领域的复杂性和治理主体的多元性相适应，近年来，国际组织已然成为参与网络空间国际规范制定的重要行为体，肩负着构建统一国际规范体系的目标任务。

　　因应网络空间国际规范构建的复杂局面，本书以多利益攸关方理论作为分析框架，分别选取政府间国际组织、非政府国际组织、地区性国际组织以及功能性国际组织作为研究案例，在利用丰富翔实的一手资料的基础上，对网络空间国际规范的具体内涵与外延、类型各异的国际组织在制定网络空间国际规范中所发挥的作用，以及这些参与主体在网络空间规范构建中面临的问题及对策，展开了深入分析和探究，并相应对多利益攸关方理论作为国际组织构建网络空间国际规范的分析框架的适用性进行了合理的验证和调适。通过上述理论建构和案例分析，本书认为，不同类型的国际组织在构建不同类别的网络空间规范中的作用是不一样的，这种差异主要源于互联网发展历程、国际组织所选择的不同治理机制以及网络治理文化等因素。这一结论颇具说服力，经得起网络空间理论和实践发展的检验。

　　作为崭露头角的青年学人，耿召主要从事数字技术与国际关系、网络空间治理、网络安全等领域的研究。从硕士阶段迄今，作者十年来心无旁骛，在上述领域深耕细作、潜心钻研、孜孜探求，推出了一系列研究成果，取得了有目共睹的成绩。本书即为耿召在网络空间治理研究领域的最新可视成果，也是作者主持的国家社科基金青年项目的研究成果。

　　书虽已出版，但研究无止境。希望作者再接再厉，面对网络空间普遍性规则制定所面临的诸多挑战，今后加强对国际组织在网络空间国际标准构建中的治理经验、理念融合和协作机制的探讨，钩沉探微，凝练结晶，推出更成熟、更坚实、更突出的研究成果。

　　是为序。

王联合

2024 年 10 月 8 日

目　　录

第 一 章

导　　论

　　网络空间作为人类创设的新型全球公域，对国际社会的影响力与日俱增，日渐成为全球治理的新兴议题。但网络空间国际规范（可简称网络规范）的缺失造成各方对有关概念的理解存在差异，缺少统一的规范使网络犯罪等非法行为层出不穷，敌对国家间的网络攻击与威慑也屡见不鲜。因此，各方意识到形成共同遵守的国际规范是解决上述问题的可行方式。网络规范构建也开始成为网络空间治理的重要议题。

　　参与网络空间治理议题的各行为体中，国际组织是重要一方。由于互联网的特殊属性，早期管理互联网的相关机构主要是由技术人员组成的非政府国际组织，它们掌握着互联网治理的核心资源。同时，早期针对电信电气议题治理的国际组织也自然参与到网络空间技术标准制定之中。而网络空间总体性规则制定主要始于 1998 年的联合国大会，各国开始关注这一议题。① 历经二十余年的发展，现如今众多国际组织参与网络空间国际规范构建，不同类别的国际组织既是各利益攸关方开展网络规范协商对话的重要平台，也是推进网络空间国际规范建设迈向成熟的重要驱动力。

　　网络空间国际规范意味着各类国际关系行为体在网络空间领域的活动需要得到有效规制，以符合国际社会总体期待，满足各方需求。国际组织既是参与网络空间治理的重要行为体，也是国家、技术社群、企业、专家、研究机构等利益攸关方参与网络规范商讨的重要平台。

---

　　① 参见 Eneken Tikk，"Norms à la Carte"，in Fen Osler Hampson and Michael Sulmeyer，eds.，*Getting beyond Norms New Approaches to International Cyber Security Challenges Special Report*，Center for International Governance Innovation，https：//www. cigionline. org/sites/default/files/documents/Getting%20Beyond%20Norms. pdf。

本书分别选取政府间、非政府、地区性以及功能性四种不同类别的国际组织作为案例，分析其参与网络空间国际规范构建的既有成效。同时选取多利益攸关方治理模式作为理论工具进行探讨，对国际组织在网络空间国际规范构建中的效用进行总体性评估，并在此基础上提出未来发展的有效路径。

第一节　问题的提出与研究价值

近年来，网络空间治理成为国际关系研究的热点问题，而网络空间国际规范建设是其中的重要方向。网络规范包含各类行为体在此空间的行为规范，覆盖各行业在与互联网等技术形态产生联系时所需要遵循的各类规则以及规制互联网及电信产业运作的行业与技术标准，可以说网络规范是涉及电子信息、国际法、国际政治等各领域的综合性议题。

随着数字前沿技术的蓬勃发展，网络空间也在向数字空间演进。有学者强调数字空间与网络空间的差异性，指出网络空间军事化色彩过重，数字空间这一表述更能凸显经济和社会属性，[①] 并开始尝试用数字空间指代网络空间。[②] 但从地缘政治、国际安全、国际机制、国际规范等传统视角审视数字技术的发展，数字空间概念仍未得到广泛的应用，其内涵与外延也未在学界达成普遍性共识，可以说数字空间尚处于早期的概念形成阶段。[③] 从国内外各类官方文件中可见，当前网络空间依然是对基于各类数字技术形态所形成的虚拟空间的重要表述，同时本书所进行的规范研究涉及国际关系基本准则、国际战略稳定、国际安全、国际政治、经济等领域，使用网络空间这一表述更为恰当，同时出于避免概念杂乱易导致研究对象模糊不清的考虑，本书仍使用网络空间这一概念进行分析。

鉴于网络空间国际规范所涉及行业的广泛性，各类行为体参与其中，当前针对这一概念尚未形成较为统一且明确的界定。网络空间国际规范

---

① ［韩］全吉南：《厘清数字空间各层面治理》，《网络传播》2021 年第 5 期；郎平、李艳：《数字空间国际规则建构笔谈》，《信息安全与通信保密》2021 年第 12 期。

② 封帅：《主权原则及其竞争者：数字空间的秩序建构与演化逻辑》，《俄罗斯东欧中亚研究》2022 年第 4 期。

③ ［韩］全吉南：《厘清数字空间各层面治理》，《网络传播》2021 年第 5 期。

涉及技术标准、宏观、微观以及潜在约定俗成的规则乃至成文的国际法，是一套复杂且相对混乱的概念体系。参与相关规范构建的各类行为体数量较多，呈现出盘根错节、纷繁复杂的局面。尤其是对国际组织而言，无论是长期从事电信电气标准化治理还是从事其他传统议题治理的国际组织在工作中难以避免涉及这一议题。同时，得到普遍应用的多利益攸关方模式也受到一定挑战，尤其是西方发达国家与新兴市场国家在网络空间治理模式、治理理念上的差异使该模式需进行一定改革。网络空间宏观规则构建从 20 世纪末在联合国大会上得到讨论，在时间上晚于技术标准建设，基于所涉及的非技术因素较为复杂，普遍性规则的制定相对较晚，围绕上述议题各参与方仍面临较多的问题。

因此，针对网络空间国际规范构建所呈现的复杂态势，本书通过选取不同国际组织作为研究案例，把多利益攸关方作为理论框架进行分析，旨在解决以下核心问题：第一，网络空间国际规范的具体内涵与外延是什么？第二，既有国际组织在构建国际规范进程中扮演何种角色？第三，多利益攸关方作为国际组织构建网络空间国际规范的主导模式，是否适应网络空间国际规范的发展？若存在问题应如何对其进行改革？第四，面对网络普遍性规则制定所面临的问题，国际组织应当采取哪些措施加以解决？

本书的学术价值在于对国际组织这一重要的国际关系行为体在网络空间国际规范建设中的作用进行全面分析，在一定程度上弥补了现有研究的不足。其理论价值在于凭借多利益攸关方既有理论成果，选取重要的政府间、非政府、地区性以及功能性国际组织作为案例，以验证多利益攸关方模式与利益攸关方理念对各类国际组织在构建网络规范进程中是否具有指导意义。本书评估了上述模式与理念是否适应并推动国际组织在全球网络空间治理中的发展，并在一定程度上试图对该模式的外延与内涵进行某种程度的修正。通过对选取不同国际组织进行案例分析，本书试图寻求是否存在更为科学高效的模式，从而为既有模式的变革提供新的启示。

本书的实践价值在于，探究有关国际组织在网络空间国际规范构建中的作用，分析各类国际组织在规范制定过程中取得的成效，为国际组织参与网络空间国际规范建设提供可行的发展路径。也为网络空间大国尤其是中国更好地与相关国际组织协商合作，为中国在各类相关国际组织以及全球网络空间治理提升自身影响力提供政策支持。

第二节　研究现状

中国国际关系学界的相关学者大致从 21 世纪初开始关注信息技术与国际关系这一跨学科议题，2010 年以后关于网络空间治理等议题的成果开始广泛出现。这与互联网的广泛普及、网络空间治理与网络安全受到政府重视以及"棱镜门事件"等全球热点问题的出现密切相关，上述成果也部分涉及网络空间国际规范建设。近年来中国学者开始关注网络空间国际规范、国际规则等方面的研究，针对相关国际组织，国内学者开展研究相对较晚。国外学者开展有关研究相对较早，早在 21 世纪初针对互联网名称与数字地址分配机构（Internet Corporation for Assigned Names and Numbers，ICANN）、联合国等国际组织的研究成果就已出现。针对多利益攸关方模式，中外学者均对其进行了较为深入的研究。尤其是近年来中国国际关系学界学者发表了一些学术成果。但总体而言，聚焦参与构建网络规范的国际组织的中外文献仍略显不足。

一　网络空间国际规范构建的研究现状

关于网络空间治理这一概念，国内外学者都进行了相对系统的研究。就网络空间治理的内涵，亚纳科格奥格斯（Panayotis A. Yannakogeorgos）提出网络空间的全球治理可被定义为包含基础设施、标准、法律、社会文化、经济和发展事务的一个广泛领域。[①] 德里克·考伯恩（Derrick L. Cogburn）认为互联网治理是指为全球互联网社群制定集体政策和标准。[②]

在网络空间国际规范领域，中外学者也进行了一系列分析。在概念分类与界定方面，徐龙第认为网络规范可分为一般规范和具体规范两个层次。一般规范可称为"软规范"，具体规范也被称为"硬规范"。[③] 托

[①] Panayotis A. Yannakogeorgos, "Internet Governance and National Security", *Strategic Studies Quarterly*, Vol. 6, No. 3, 2012, p. 103.

[②] Derrick L. Cogburn, "Enabling Effective Multi-stakeholder Participation in Global Internet Governance Through Accessible Cyber-infrastructure", in Andrew Chadwick and Philip N. Howard, eds., *Routledge Handbook of Internet Politics*, New York: Routledge, 2009, p. 403.

[③] 徐龙第：《网络空间国际规范：效用、类型与前景》，《中国信息安全》2018 年第 2 期。

妮·厄斯金（Toni Erskine）和马德琳·卡尔（Madeline Carr）强调规范体现了社区广泛接受和内化的习俗、风俗以及与特定行为相关的正确与错误行动的感知规则。① 他们还揭示了网络空间现有的世界主义规范，这种规范避开了主权管辖权和政治边界。② 居梦则从软法的视角分析网络空间国际规范。③ 克里安沙克·基蒂猜沙里（Kriangsak Kittichaisaree）从网络空间国家责任归属和管辖权、人权保护、网络战、武装冲突法、网络间谍、网络犯罪、网络恐怖主义等层面展现网络空间国际公法。④

　　基于网络空间国际规范议题的复杂性，本书把网络规范分为普遍性规则与专业技术标准两个方面，就此对现有相关成果进行评述。

　　在普遍性规则制定层面，中外学者也就参与规则制定的国际组织等攸关方、网络规则与国际法的关系等议题开展研究。基于技术的演进，郎平认为网络空间国际规范的核心议题正在由网络空间安全转向数字空间规则。⑤ 迈克尔·施密特（Michael N. Schmitt）等人认为各国对网络规则的态度不够明确，政策和道德规范可能有助于规范各国的网络活动，网络空间国际规范上升为国际法需要一定过程。⑥ 针对《塔林手册》这一汇总各方观点的规则文件，海因格格（Wolff Heintschel von Heinegg）认为该手册第一版的重要贡献在于确定现行法律适用于网络战。⑦ 黄志雄认为该手册第二版反映出网络空间规则制定西方主导与国际参与之间的艰

---

① Toni Erskine and Madeline Carr, "Beyond 'Quasi-Norms': The Challenges and Potential of Engaging with Norms in Cyberspace", in Anna-Maria Osula and Henry Rõigas, eds. , *International Cyber Norms*: *Legal*, *Policy & Industry Perspectives*, Tallinn: NATO CCD COE Publications, 2016, p. 91.

② Toni Erskine and Madeline Carr, "Beyond 'Quasi-Norms': The Challenges and Potential of Engaging with Norms in Cyberspace", in Anna-Maria Osula and Henry Rõigas, eds. , *International Cyber Norms*: *Legal*, *Policy & Industry Perspectives*, Tallinn: NATO CCD COE Publications, 2016, p. 109.

③ 参见居梦《网络空间国际软法研究》，武汉大学出版社 2021 年版。

④ 参见［泰］克里安沙克·基蒂猜沙里《网络空间国际公法》，程乐、裴佳敏、王敏译，中国民主法制出版社 2020 年版。

⑤ 郎平：《网络空间国际规范的演进路径与实践前景》，《当代世界》2022 年第 11 期。

⑥ Michael N. Schmitt and Liis Vihul, "The Nature of International Law Cyber Norms", *Tallinn Papers*, No. 5, 2014, pp. 30 – 31.

⑦ Wolff Heintschel von Heinegg, "The Tallinn Manual and International Cyber Security Law", in Terry D. Gill, et al. , eds. , *Yearbook of International Humanitarian Law Volume 15*, *2012*, The Hague: T. M. C. Asser Press, 2014, pp. 3 – 18.

难平衡。① 龙坤和朱启超还对《塔林手册》与《信息安全国际行为准则》进行比较分析。② 张豫洁以《网络犯罪公约》为案例对规范扩散的广度和深度进行评估。③ 徐培喜认为东西方对既有国际法是否适用于网络空间存在争议。欧洲和美国利用自身在传统国际法领域积累的优势，认为整合阐释旧法就足够应对挑战。俄罗斯等国倾向于签署具有普遍约束力的新条约。④ 其他学者针对网络空间规则软法制定、网络犯罪规则制定、网络进攻防御规则建设、中国参与网络空间规则建设以及中美关系中的网络空间规则制定等议题进行研究。⑤

关于参与构建网络空间规则的国际组织，在联合国层面，毛瑞尔分析联合国所开展网络空间规则建设的情况，提出联合国与其他国际组织的融合度依然有待提升。⑥ 迈克尔·波特诺伊（Michael Portnoy）和西摩·古德曼（Seymour Goodman）在对联合国体系下国际电信联盟（ITU）、国际电联电信标准化部门（ITU - T）、信息社会世界峰会（WSIS）等机构和论坛各自的职责以及推进网络空间国际规范建设历程进

---

① 黄志雄：《网络空间国际规则制定的新趋向——基于〈塔林手册2.0 版〉的考察》，《厦门大学学报》（哲学社会科学版）2018 年第 1 期。

② 龙坤、朱启超：《网络空间国际规则制定——共识与分歧》，《国际展望》2019 年第 3 期。

③ 张豫洁：《评估规范扩散的效果——以〈网络犯罪公约〉为例》，《世界经济与政治》2019 年第 2 期。

④ 徐培喜：《网络空间全球治理：国际规则的起源、分歧及走向》，社会科学文献出版社2018 年版，第 13 页。

⑤ 参见唐惠敏、范和生《网络规则的建构与软法治理》，《学习与实践》2017 年第 3 期；Fausto Pocar, "New Challenges for International Rules Against Cyber-Crime", in Ernesto U. Savona ed. , *Crime and Technology New Frontiers for Regulation*, *Law Enforcement and Research*, Dordrecht：Springer, 2004, pp. 29 - 38; Joseph N. Pelton and Indu B. Singh, *Digital Defense：A Cybersecurity Primer*, Cham：Springer, 2015, pp. 144 - 155; 黄志雄《网络空间国际规则博弈态势与因应》，《中国信息安全》2018 第 2 期；何晓跃《网络空间规则制定的中美博弈：竞争、合作与制度均衡》，《太平洋学报》2018 年第 2 期；王联合、耿召《中美网络空间规则制定：问题与方向》，《美国问题研究》2016 年第 2 期；郎平《全球网络空间规则制定的合作与博弈》，《国际展望》2014 年第 6 期；徐龙第、郎平《论网络空间国际治理的基本原则》，《国际观察》2018 年第 3 期；徐龙第《网络空间国际规范：效用、类型与前景》，《中国信息安全》2018 年第 2 期；方芳、杨剑《网络空间国际规则：问题、态势与中国角色》，《厦门大学学报》（哲学社会科学版）2018 年第 1 期。

⑥ Tim Maurer, "Cyber Norm Emergence at the United Nations-An Analysis of the UN's Activities Regarding Cyber-security?" Belfer Center for Science and International Affairs, Harvard Kennedy School, September 2011, https：//www. belfercenter. org/sites/default/files/publication/maurer-cyber-norm-dp-2011 - 11-final. pdf.

行了阐述。① 托马斯·雷因霍尔德（Thomas Reinhold）和克里斯蒂安·罗伊特（Christian Reuter）从裁军和军控的视角阐释了各国通过联合国政府专家组、联合国大会等机构进行网络规范协商的历程。② 对于联合国在构建国际规则过程中出现的集团化问题，亚历克斯·格里斯比（Alex Grigsby）认为美国等西方国家与中俄等其他国家在战争法适用于网络冲突方面存在根本分歧，同时双方对网络冲突属性的认知也存在差异。③ 詹姆斯·安德鲁·李维斯（James Andrew Lewis）分析了联合国信息安全政府专家组（UN Group of Govermental Experts，UNGGE）2017 年之后的协商议程，围绕军备控制、裁军和主权领域的规范建设阐述了西方国家与俄罗斯在理念上的分野。④ 鲁传颖和杨乐详细梳理了 UNGGE 推动网络空间治理规范的形成过程，⑤ 王蕾发现由 UNGGE 制定的现有规范相对简单粗疏，尚不足以匹配复杂多样的安全威胁，也未能回应包括中俄在内的部分国家的安全需求。⑥ 在地区性国际组织方面，肖莹莹分析了欧洲联盟、东南亚国家联盟和非洲联盟的网络空间规则制定现状。⑦ 沙鲁布（Zeinab Karake Shalhoub）和卡西米（Sheikha Lubna Al Qasimi）还就联合国、东盟、亚太经合组织（Asia-Pacific Economic Cooperation，APEC）、非盟在网络犯罪立法、电子商务立法等网络规范领域取得的成就进行了讨论。⑧ 方滨兴

---

① 参见 Michael Portnoy and Seymour Goodman, eds., *Global Initiatives to Secure Cyberspace*: *An Emerging Landscape*, Boston: Springer, 2009, pp. 5 – 21。

② Thomas Reinhold and Christian Reuter, "Arms Control and Its Applicability to Cyberspace", in Christian Reuter ed., *Information Technology for Peace and Security*: *IT Applications and Infrastructures in Conflicts, Crises, War, and Peace*, Wiesbaden: Springer Vieweg, 2019, pp. 207 – 231.

③ Alex Grigsby, "The End of Cyber Norms", *Survival Global Politics and Strategy*, Vol. 59, No. 6, 2017, pp. 109 – 122.

④ 参见 James Andrew Lewis, "Revitalizing Progress in International Negotiations on Cyber Security", in Fen Osler Hampson and Michael Sulmeyer, eds., *Getting beyond Norms New Approaches to International Cyber Security Challenges Special Report*, Center for International Governance Innovation, https://www.cigionline.org/sites/default/files/documents/Getting%20Beyond%20Norms.pdf, pp. 13 – 18.

⑤ 鲁传颖、杨乐：《论联合国信息安全政府专家组在网络空间规范制定进程中的运作机制》，《全球传媒学刊》2020 年第 7 期。

⑥ 王蕾：《自下而上的规范制定与网络安全国际规范的生成》，《国际安全研究》2022 年第 5 期。

⑦ 肖莹莹：《地区组织网络安全治理》，时事出版社 2019 年版，第 70—73，103—109，145—149 页。

⑧ Zeinab Karake Shalhoub and Sheikha Lubna Al Qasimi, *Cyber Law and Cyber Security in Developing and Emerging Economies*, Cheltenham and Northampton: Edward Elgar, 2010, pp. 140 – 158.

还对上海合作组织在维护网络主权方面提出了鼓励信息民用、主权与国际法适用、转让信息技术、弥合数字鸿沟等八项主张。① 文娟等梳理了世界经济论坛（World Economic Forum，WEF）、经济合作与发展组织（Organization for Economic Co-operation and Development，OECD）以及联合国互联网治理论坛（International Governance Forum，IGF）发布的相关规则文件虽无强制约束力，但因具有全球重要国家作为成员国的认可，从而形成了一种"默认的约束力"。②

在专业技术标准建设上，针对网络安全标准概念，卡伦·斯卡尔福内（Karen Scarfone）等人对网络安全标准概念进行了分析，认为网络安全标准的目标是提高信息技术系统、网络和关键基础设施的安全性。③ 英格洛夫·珀尼斯（Ingolf Pernice）认为信息技术领域的技术标准化应关注隐私和安全性，以满足基本的安全需求。④ 杨剑则通过分析技术标准中权力与财富的关系，解释技术标准在国家新技术经济发展中的重要性。⑤

针对参与构建网络标准的国际组织，中外学者对主要的国际组织进行了一定程度的研究。罗尔夫·韦伯（Rolf H. Weber）总结并归纳了参与制定网络国际标准的各类国际组织。⑥ 玛丽卡·范·拉恩（Marika Van Laan）认为国际电信联盟（International Telecommunication Union，ITU）是一个旨在维护民主价值和赋予国家执行其本国具体规则的系统。⑦ 刘贤刚等讨论了 ITU 电信标准化部门（ITU – T）安全工作组在数据安全标

---

① 方滨兴主编：《论网络空间主权》，科学出版社 2017 年版，第 391—392 页。

② 文娟等：《网络安全与数字化国际规则文本研究——以国际组织为例》，载赵志云主编：《网络空间治理：全球进展与中国实践》，社会科学文献出版社 2021 年版，第 157—172 页。

③ Karen Scarfone, Dan Benigni and Tim Grance, "Cyber Security Standards", June 15, 2009, https：//ws680. nist. gov/publication/get_pdf. cfm? pub_id = 152153.

④ Ingolf Pernice, "Global Cybersecurity Governance：A Constitutionalist Analysis", *Global Constitutionalism*, Vol. 7, No. 1, 2018, p. 123.

⑤ 杨剑：《数字边疆的权力与财富》，上海人民出版社 2012 年版，第 282 页。

⑥ Rolf H. Weber, *Realizing a New Global Cyberspace Framework Normative Foundations and Guiding Principles*, Berlin, Heidelberg：Springer, 2015, p. 116.

⑦ Marika Van Laan, "ICANN, Russia, China, and Internet Reform：What You Need to Know", Ramen IR, October 23, 2016, https：//ramenir. com/2016/10/23/icann-russia-china-and-internet-reform-what-you-need-to-know/.

准及研究项目进展。① 斯蒂芬·麦克道尔（Stephen D. McDowell）等人对
ITU 开展电信技术标准工作进行了评述。② 蒂姆·毛瑞尔（Tim Maurer）
认为 ITU 不仅是一个为联合国成员国所用的组织性平台，还是一个自主
性的规范倡导者。③ 鲁传颖则从制度性网络权审视不同国际组织。④ 在具
体标准方面，谢宗晓对 ITU 发布的网络安全标准 ITU－T X. 1205 进行解
读，简要分析了该标准的应用。⑤ 中外学者还对国际标准化组织（Inter-
national Organization for Standardization，ISO）与国际电工委员会（Inter-
national Electrotechnical Commission，IEC）近年来发布的一系列网络空
间相关标准进行了评述与分析。⑥ 杨剑认为，技术标准国际组织也是各
国与各个国家集团利益的角力场，是世界经济和技术资源分配的重要权
力工具。⑦ 针对国际标准制定中的利益攸关方概念，陈元桥认为利益相关
方理论是 ISO 26000 的重要理论基础之一，利益相关方的识别、参与和沟
通是组织最基本的社会责任实践。⑧ 在网络安全标准国际合作方面，亚伯

① 刘贤刚等：《数据安全国际标准研究》，《信息安全与通信保密》2018 年第 12 期。

② Stephen D. McDowell，Zoheb Nensey and Philip E. Steinberg，"Cooperative International Ap-proaches to Network Security：Understanding and Assessing OECD and ITU Efforts to Promote Shared Cy-bersecurity"，in Jan-Frederik Kremer and Benedikt Müller，eds.，*Cyberspace and International Rela-tions：Theory，Prospects and Challenges*，Berlin，Heidelberg：Springer，2014，p. 243.

③ ［美］蒂姆·毛瑞尔、曲甜、王艳编译：《联合国网络规范的出现：联合国网络安全活动分析》，载王艳主编《互联网全球治理》，中央编译出版社 2017 年版，第 159—160 页。

④ 鲁传颖：《全球网络空间稳定：权力演变、安全困境与治理体系构建》，格致出版社 2022 年版，第 44—46 页。

⑤ 参见谢宗晓《信息安全管理系列之二十七 网络空间安全相关标准 ITU－T X. 1205 探析》，《中国质量与标准导报》2017 年第 4 期。

⑥ 参见姚相振、周睿康、范科峰《网络安全标准体系研究》，《信息安全与通信保密》2015 年第 7 期；谢宗晓《信息安全管理系列之二十七 网络空间安全相关标准 ITU－T X. 1205 探析》，《中国质量与标准导报》2017 年第 4 期；谢宗晓、张菡《网络安全指南国际标准（ISO/IEC 27032：2012）介绍》，《中国质量与标准导报》2016 年第 10 期；Katie Bird，"Are You Safe Online? New ISO Standard for Cybersecurity"，ISO，October 16，2012，https：//www. iso. org/news/2012/10/Ref1667. html；Antonio Jose Segovia，"ISO 27001 vs. ISO 27032 Cybersecurity Standard"，Advisera，August 25，2015，https：//advisera. com/27001academy/blog/2015/08/25/iso-27001-vs-iso-27032-cybersecurity-standard/；Simo Hurttila，"From Information Security to Cyber Security Management-ISO 27001 & 27032 Approach"，Master's thesis of Tallinn Univeristy of Technology，2018，https：//digi. lib. ttu. ee/i/file. php? DLID = 10779&t = 1。

⑦ 杨剑：《数字边疆的权力与财富》，上海人民出版社 2012 年版，第 290 页。

⑧ 陈元桥：《ISO 26000 系列讲座：利益相关方与社会责任》，《中国标准化》2011 年第 4 期。

拉罕·索法尔（Abraham D. Sofaer）等人强调了 ISO 与 ITU 等国际组织的主张与标准对网络空间国际协商对话的重要意义。[1]

二　对多利益攸关方等模式的既有研究

"multi-stakeholder"一词主要被翻译为"多利益攸关方"和"多利益相关方"两种，指的同一概念。劳拉·德拉迪斯（Laura Denardis）把"多利益相关方"看作私营企业、国际协调治理机构、政府以及民间团体等各方不断变化的权利平衡，这体现了当代互联网治理的特点。该模式本身不是一个普遍适用的价值观，而是在一个特定情境中"决定采用什么必要的管理形式"时应运而生的一个理念。[2] 约翰·E. 萨维奇（John E. Savage）和布鲁斯·W. 麦康奈尔（Bruce W. McConnell）分析了多利益攸关方模式的历史，分析其优缺点，提出了改进路径。[3] "多利益相关方"是网络空间治理的核心理念。安德鲁·利亚普洛斯（Andrew Liaropoulos）认为这一模式的出现是由于政府无法成功地管理网络空间，因而需要其他非国家行为体的参与。[4] 郎平认为多利益攸关方是一种普遍意义上的治理路径和方法，[5] 根据议题的性质不同其表现出不同的实践形式。[6] 多利益相关方存在两种不同实践模式，一种类型的实践模式是以互联网工程任务组（Internet Engineering Task Force，IETF）为代表的技术性领域的治

---

[1]　Abraham D. Sofaer, David Clark and Whitfield Diffie, "Cyber Security and International Agreements", in National Research Council, *Proceedings of a Workshop on Deterring Cyberattacks: Informing Strategies and Developing Options for U. S. Policy*, Washington D. C. : The National Academies Press, p. 187.

[2]　[美] 劳拉·德拉迪斯：《互联网治理全球博弈》，覃庆玲、陈慧慧等译，中国人民大学出版社 2017 年版，第 253—254 页。

[3]　John E. Savage and Bruce W. McConnell, "Exploring Multi-Stakeholder Internet Governance", EastWest Institute, Breakthrough Group Working Paper, https://www.eastwest.ngo/sites/default/files/Exploring% 20Multi-Stakeholder% 20Internet% 20Governance _ McConnell% 20and% 20Savage% 20BG%20Paper. pdf.

[4]　Andrew Liaropoulos, "Exploring the Complexity of Cyberspace Governance: State Sovereignty, Multi-stakeholderism, and Power Politics", *Journal of Information Warfare*, Vol. 15, No. 4, 2016, pp. 18 – 19.

[5]　郎平：《从全球治理视角解读互联网治理"多利益相关方"框架》，《现代国际关系》2017 年第 4 期。

[6]　郎平：《网络空间国际治理机制的比较与应对》，《战略决策研究》2018 年第 2 期。

理机制，治理主体是相关技术专家，奉行将政府权威排除在外、没有集中规划与总体设计的自下而上、协商一致、以共识为决策基础的治理模式；另一种是以 ICANN 为代表，同样奉行多利益相关方的治理路径，其治理主体由"同质"的技术专家向"异质"的多领域私营主体扩展，其代表性更广。① 约翰尼斯·蒂姆（Johannes Thimm）和克里斯琴·沙勒（Christian Schaller）认为多利益攸关方模式背后的理念是所有的行为体，包括政府、商业部门、民间团体、学者和其他技术专家密切合作，共同制定运营互联网的共同规则和标准，这些规则和标准是以自下而上的方式发展起来的，形成相当分散的规范框架。② 考伯恩（Derrick L. Cogburn）认为当前网络空间治理进程中众多国际组织与多边论坛的存在，把多利益攸关方模式摆在全球网络政策制定中的重要位置。③

如今较多国家支持多利益攸关方模式，苏拉·德拉迪斯分析其原因在于某些利益相关者强调采取该模式是出于治理需要，并非中央集权化的协调。该模式已被联合国、政治领袖、咨询机构以及一些学者接纳，成为互联网治理的共识。④ 针对这一模式的优势，郎平认为该模式体现了包容性、均衡责任、动态参与和有效实施等互联网治理核心原则。⑤ 安东诺娃（Slavka Antonova）提出在多利益攸关方模式中，对话协商是核心，并向外伸展出构成治理的领域、谈判/制度化权力关系、发展治理体系三种有形结果，以及学习、创新、不断发展的认知社区和发展全球意识四种无形结果。⑥ 郭丰等认为不需要对其进行机械化和意识形态

---

① 郎平：《网络空间国际治理机制的比较与应对》，《战略决策研究》2018 年第 2 期。

② Johannes Thimm and Christian Schaller，"Internet Governance and the ITU：Maintaining the Multistakeholder Approach：The German Perspective"，Council on Foreign Relations，October 22，2014，https：//www.cfr.org/report/internet-governance-and-itu-maintaining-multistakeholder-approach.

③ Derrick L. Cogburn，"Enabling Effective Multi-stakeholder Participation in Global Internet Governance Through Accessible Cyber-infrastructure"，in Andrew Chadwick and Philip N. Howard，eds.，*Routledge Handbook of Internet Politics*，New York：Routledge，2009，p. 401.

④ ［美］劳拉·德拉迪斯：《互联网治理全球博弈》，覃庆玲、陈慧慧等译，中国人民大学出版社 2017 年版，第 255 页。

⑤ 郎平：《"多利益相关方"的概念、解读与评价》，《汕头大学学报》（人文社会科学版）2017 第 9 期。

⑥ Slavka Antonova，"Capacity Building in Global Internet Governance：The Long-term Outcomes of 'Multistakeholderism'"，*Regulation & Governance*，Vol. 5，No. 4，2011，pp. 425 – 445.

化的解读。①

就网络治理机制的演进，杰瑞米·马尔科姆（Jeremy Malcolm）以WSIS、IGF 等论坛为例，着重分析了网络治理改革的前景，认为网络治理改革需要认可非国家行为者在网络空间国际法律规范方面的重要作用。② 对于网络空间当前的治理模式，颜琳提出网络空间治理存在"政府主导型"和"多利益攸关方"两种治理模式。"政府主导型"强调以国家及其政府为中心；"多利益攸关方"治理模式认为国家与非国家行为体应共同管理和推进网络空间技术的发展和运营。③ 郎平也认为国际社会在网络空间治理常被划分为两大阵营：一方是以欧美国家为代表的发达国家，坚持多利益攸关方模式；另一方是中国、俄罗斯、巴西等新兴市场国家，提倡政府主导的"多边主义"治理模式和"网络边界""网络主权"的概念。④ 劳拉·丹纳迪斯（Laura DeNardis）认为网络治理可以被看作分布式互联网的多利益攸关方治理，涉及传统的公共部门和国际协议、新机构和信息治理职能，这些职能是通过私人和技术架构安排制定的。⑤ 郎平还把网络空间国际治理机制分为私营部门主导的以多利益相关方模式为主的治理机制、以 IGF 和 WSIS 为代表的主导权缺位的治理机制以及以联合国、世界贸易组织、二十国集团、北约、金砖国家、上海合作组织为代表的国家主导的传统治理机制。⑥ 具体就多利益攸关方与多边主义模式之争，郎平认为多利益相关方是一种普遍意义上的治理路径和方法。在实践中，根据议题的不同，它可以有多种表现形式，各相关方依据其行为体特性，发挥不同的作用；多边主义与多利益相关方并不存

① 郭丰、刘碧琦、赵旭：《多利益相关方机制国际实践研究》，《汕头大学学报》（人文社会科学版）2017 年第 9 期。

② Jeremy Malcolm, *Multi-Stakeholder Governance and the Internet Governance Forum*, Perth：Terminus Press，2008.

③ 颜琳：《美国主导的全球网络空间治理新秩序与中国的参与策略》，载刘建武、周小毛、谢晶仁《美国问题研究报告 2015》，光明日报出版社 2016 年版，第 93—94 页。

④ 郎平：《国际互联网治理：挑战与应对》，《国际经济评论》2016 年第 2 期。

⑤ Laura DeNardis, *The Global War for Internet Governance*, New Haven and London：Yale University Press，2014，p. 23.

⑥ 郎平：《网络空间国际治理机制的比较与应对》，《战略决策研究》2018 年第 2 期。

在对立，而是一种相互补充。① 郎平还认为，多利益相关方模式更加灵活、开放、包容，具有广泛的代表性，主张各方平等参与，是一种扁平化的治理方式，与多边主义模式中政府作为治理主体形成了鲜明对比。② 而郭丰、刘碧琦和赵旭提出，两个模式之间也存在着融合发展的必要性和可行性。③ 郎平还提出要淡化互联网治理模式之争，从具体议题出发确立相应的治理模式。通过全方位、多渠道拓展国际合作空间，对国际互联网治理机构进行恰当评估，根据制度平台的不同制定相应的参与策略。④

而在网络空间治理的理论构建上，除了既有较为成熟的机制复合体理论，⑤ 鲁传颖还构建了网络空间治理多利益攸关方理论。首先，作者从认知层面全面描述网络空间及其内涵，对重要的概念做出梳理和定义，通过分层级的方式来解构网络空间，并对应在不同层级中提炼相应的治理议题；其次，根据不同的治理议题和不同的行为体属性来明确主导的行为体，以及相应的机制构建途径；最后，从互联网治理、数据治理和行为规范的治理三个层面选取有代表性的治理议题进行分析，验证多利益攸关方理论的有效性。⑥ 纳奈特·莱文森（Nanette S. Levinson）探究跨文化视角下多利益攸关方在网络、环境等治理中的作用。⑦ 珍妮特·霍夫曼（Jeanette Hofmann）以话语分析的视角分析多利益攸关方模式，将该模式视作基于信仰和忠诚的目的。⑧

---

① 郎平：《从全球治理视角解读互联网治理"多利益相关方"框架》，《现代国际关系》2017 年第 4 期。

② 郎平：《网络空间国际治理机制的比较与应对》，《战略决策研究》2018 年第 2 期。

③ 郭丰、刘碧琦、赵旭：《多利益相关方机制国际实践研究》，《汕头大学学报》（人文社会科学版）2017 年第 9 期。

④ 郎平：《国际互联网治理：挑战与应对》，《国际经济评论》2016 年第 2 期。

⑤ Joseph S. Nye, Jr., "The Regime Complex for Managing Global Cyber Activities", Paper Series：No. 1, May 2014, https：//www. cigionline. org/sites/default/files/gcig_paper_no1. pdf.

⑥ 鲁传颖：《网络空间治理与多利益攸关方理论》，时事出版社 2016 年版，第 224 页。

⑦ Nanette S. Levinson, "The Multistakeholder Model in Global Technology Governance：A Cross-Cultural Perspective", APSA 2013 Annual Meeting Paper, American Political Science Association 2013 Annual Meeting.

⑧ Jeanette Hofmann, "The Multi-Stakeholder Concept as Narrative：A Discourse Analytical Approach", in Laura DeNardis, et al., eds., *Researching Internet Governance：Methods, Frameworks, Futures*, Cambridge：The MIT Press, 2020, p. 9.

从上述文献梳理可以看出，现有研究主要关注网络空间总体规则制定以及全球性权威度较高的国际组织在上述规则制定过程中的作用。同时对不同治理模式进行了深度分析与比较。关于网络空间技术标准制定的现有文献相对较为浅显地以标准文件解读与述评的方式研究，尚未形成体系化的研究框架。针对参与网络规范制定的国际组织，既有文献较多聚焦于全球性与权威性较高的国际组织，未能对政府间、非政府、地区性与功能性等各类国际组织进行全面且深入的总体探究。本书尝试在这些方面进行拾遗补阙，深化研究。

第三节　概念界定与案例选择

基于本书的研究问题，笔者对网络空间国际规范进行了适用于本研究的界定，并对国际组织进行了有效分类。这有助于研究的科学化和研究结果的获取。

一　网络空间国际规范概念界定

在现代汉语中，"规范"是指明文规定或约定俗成的标准，所对应的英文单词"norm"意指组织希望达到的官方标准或水平。因而规范概念的内涵相对广泛。在国际关系学界，规范普遍被认为是对给定身份的行为体提供一种适当行为准则。[①] 作为国际关系理论中的重要概念，规范一般被用来描述对具有给定身份的行为者的正确行为的集体期望。在某些情况下，规范的运作方式类似于定义行为者身份的规则，因此具有"构成效应"，指定哪些行为将导致其他相关者识别特定身份。[②] 集体期望指的是规范的社会和主体间性质。规范不是单方面的法令，而是对指定团

---

① Martha Finnemore and Kathryn Sikkink, "International Norm Dynamics and Political Change", *International Organization*, Vol. 52, No. 4, 1998, p. 891；［美］马莎·芬尼莫尔、凯瑟琳·斯金克：《国际规范的动力与政治变革》，载［美］彼得·卡赞斯坦、罗伯特·基欧汉、斯蒂芬·克拉斯纳编《世界政治理论的探索与争鸣》，秦亚青等译，上海人民出版社 2006 年版，第 299 页。

② Peter J. Katzenstein ed., *The Culture of National Security: Norms and Identity in World Politics*, New York: Columbia University Press, 1996, p. 5.

体成员所持适当行为的共识。规范是社会科学家认为的社会建构，它们的存在只是因为人们都相信它们存在。① 在其他情况下，规范作为标准运行，对已经定义的身份进行约束。在这种情况下，规范具有"规制"效应，对具体适当行为标准形成影响。因此，规范要么定义（或构成）身份或规定（或规范）行为，要么二者兼顾。② 因而规则涉及行为期望，以便在存在某些事实时以特定、确定的方式事先回应；一旦事实清楚，那么预期的行为也是如此。③ 同时，所有规范和规则都源于并为不同形式的有序互动设定了条件。④ 规则比规范更为具体，更为详细地界定了成员权利与义务。⑤ 根据规范的宽泛性，有学者把规范划分为多个类型，包括有限性规范与构成性规范、评价性规范与规定性规范以及地区规范与全球规范；等等。⑥ 规范外延的广阔性保证了笔者能够在研究中使用这一概念，并对其进行科学地分类。

网络空间国际规范在现有研究中尚未得到较为统一的界定，网络空间规则、准则、规制、软法等各类表述在各类文献中均有所涉及。为了更清晰地阐释国际组织在网络空间国际规范制定中的作用，本书把网络空间国际规范看作对全球网络空间治理建章立制的总体性概念表述，涉及网络空间国际规则与网络空间技术标准两个层面。网络规范是对网络空间中负责任国家行为的一种集体期待，这种期待有助于网络空间的和平、稳定、发展和繁荣。⑦ 针对网络规范的具体外延，有中国学者把网

---

① Martha Finnemore and Duncan B. Hollis，"Constructing Norms for Global Cybersecurity"，*The American Journal of International Law*，Vol. 110，No. 3，2016，p. 443.

② Peter J. Katzenstein ed.，*The Culture of National Security：Norms and Identity in World Politics*，New York：Columbia University Press，1996，p. 5.

③ Martha Finnemore and Duncan B. Hollis，"Constructing Norms for Global Cybersecurity"，*The American Journal of International Law*，Vol. 110，No. 3，2016，p. 441.

④ David Armstrong，Theo Farrell and Helene Lambert，*International Law and International Relations*，New York：Cambridge University Press，2007，p. 21.

⑤ Robert O. Keohane，*After Hegemony：Cooperation and Discord in the World Political Economy*，Princeton：Princeton University Press，1984，p. 58.

⑥ 参见尹继武《中国的国际规范创新：内涵、特性与问题分析》，《人民论坛·学术前沿》2019 年第 3 期。

⑦ 周宏仁：《网络空间的崛起与战略稳定》，网络空间国际治理研究中心，https：//www. si-is. org. cn/updates/cms/old/UploadFiles/file/20190917/20190917102429_% E7% BD% 91% E7% BB% 9C% E7% A9% BA% E9% 97% B4% E6% 88% 98% E7% 95% A5% E7% A8% B3% E5% AE% 9A. pdf。

络空间国际规范分为一般规范和具体规范两个层次。其中，一般规范包括网络主权、自由、安全等，可称为"软规范"，具有宏观性、统筹性、引领性和原则性的特征。为规范网络空间中不同类型的网络行为，还有不同类型的具体规范，可称为"硬规范"，比如网络犯罪、网络恐怖主义、网络战争、数据泄露（隐私保护）、技术漏洞（技术标准）等方面的规范。[①] 也有国外学者把网络规范定义为网络空间中强制用户行为的非正式社会标准。[②] 相较于网络条约与国际法，网络规范更加灵活。由于规范是基于各方对适当行为的共同期望，共同期望是动态变化的，同各方自身利益需求适时调整。因而规范与网络空间发展的瞬息万变更为契合。网络空间其他各类议题的紧密联系也使规范的构建更为可行。[③]

　　针对本书的研究问题，笔者认为：网络空间国际规范作为较为广义的研究对象，应当对规范的内涵进一步细化。结合各个国际组织公开发布的相关资料，为了更好解决研究问题，本书把网络规范细化为两个方面：网络空间普遍性规则与网络空间专业技术标准，即网络空间规则与网络空间标准（见图1-1）。

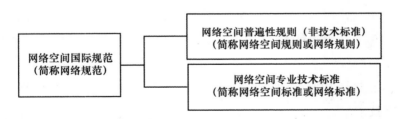

图1-1　网络空间国际规范概念解析

资料来源：笔者自制。

---

①　徐龙第：《网络空间国际规范：效用、类型与前景》，《中国信息安全》2018年第2期。

②　April Mara Major, "Norm Origin and Development in Cyberspace: Models of Cybernorm Evolution", *Washington University Law Review*, Vol. 78, Iss. 1, 2000, p. 70.

③　参见 Martha Finnemore, "Chapter Ⅵ: Cultivating International Cyber Norms", *in America's Cyber Future Security and Prosperity in the Information Age*, Published by Center for a New American Security, June 2011, https://citizenlab.ca/cybernorms2011/cultivating.pdf；肖莹莹《网络安全国际规范的研究进展》，《中北大学学报》（社会科学版）2015年第1期。

网络空间规则是指相对宽泛的行动准则，目的在于对各类国际关系行为体在网络空间中的基本行为进行规制，包括各类行为体在这一空间活动应按照共同接受认可的制度行事，不具备行业与技术色彩，倾向于广义的国际制度乃至国际法。

网络空间标准是指在互联网与相关电信等专业技术领域所遵循的规范原则，即规制各类国际关系行为体网络空间活动的行业性、技术性标准等规范性纲领。构建网络空间标准是各类行为体围绕上述议题所进行的一系列国际活动，包括对相关准则的提出、协商、草拟、创立、修改、更新等行为，以达成相互接受的网络空间行业准则。标准既要满足用户需求，也要有实在用处，因为在构建符合标准的产品时需要考虑成本和技术限制。① 因此，网络空间国际规范亦可理解为技术标准与非技术标准两种不同方向。本书所构建的网络空间国际规范既包括传统意义上的网络空间宏观规则与"软""硬"国际法，也涉及网络空间行业与技术标准。作为涵盖普遍性规则与专业性标准的网络规范，其适用对象为网络空间这一庞大的生态系统。网络空间规则更多涉及各类行为体在这一空间活动中应当遵循的基本行为准则。基于网络空间与现实空间的紧密联系，包括在和平与战争状态下，各类国际关系行为体应当遵守的国际规则，涉及现实国际政治中主权、管辖权、国际冲突、国际争端与干涉等各类行为如何在网络空间中使用。网络空间标准更多是基于与数字技术相关的软硬件设备，包括光纤、根服务器、计算机等硬件基础设施和域名、系统、编码等软件设备，以及包括5G、人工智能、物联网等前沿数字技术。

网络空间规则与网络空间标准存在密切联系，二者均希望规范各类行为体在网络空间的行为活动，寻求和平稳定的网络空间秩序。但网络空间规则注重普遍性规范，趋向于国际法；网络空间标准侧重于专业技术领域的准则。宏观规则与技术标准均旨在约束各类行为体在网络空间中的行为，使网络空间内的行动能够在合理的框架下运行，从而有助于网络空间总体秩序的平稳运行。互联网深度基于电子信息技术，如今网络空间已发展成

---

① Karen Scarfone, Dan Benigni and Tim Grance, "Cyber Security Standards", June 15, 2009, https: //ws680. nist. gov/publication/get_pdf. cfm? pub_id = 152153.

为涵盖各类高政治和低政治议题的复杂宽泛的体系。网络空间规则涉及更多高政治议题，而网络空间标准更倾向于"低级政治"。构建规则与标准需要各方协调互动，促进网络空间国际规范体系的成熟。这有助于维护网络空间国际态势的稳定。上述普遍性规则与技术标准作为网络规范的具体内涵相对能够较为清晰地展现国际组织在网络空间国际规范建设中的发展现状，使研究框架明晰简洁。

综上，本书把网络空间国际规范概念界定为一个外延广泛的概念，包括具体的技术标准、宽泛的行为原则甚至成熟的国际法律，即网络空间国际规范是涵盖普遍性规则以及专业技术标准的综合性概念。[①] 网络空间国际规范、规则和标准三个概念在本书中均存在具体所指，这保证了本研究的顺利进行。

二 国际组织案例的分类依据

国际组织是各国为了制定国际规范而聚集在一起的谈判场所。国际组织的机构设计将一部分权力（至少暂时）从国家转移到国际组织之中。[②] 面对当前愈发多样的跨境议题，国际组织作为重要的国际关系行为体所承载的功能愈发突出。网络空间治理作为全球性议题，构建符合各方利益的网络规范离不开数量众多的国际组织。既有国际组织的多元化决定了对其分类并不存在一种固定的模式，但对国际组织多元类型的划分有助于国际组织研究更为深入且更为全面。一般而言，国际组织可以按照成员构成情况划分为政府间国际组织与非政府国际组织；按照所覆盖的范围可以划分为全球性国际组织和地区性国际组织；也可按照自身职能划分为一般性国际组织与专门性（功能性）国际组织。[③] 在上述三种

---

① 关于网络空间国际规范的外延，2019年1月31日，笔者在哥伦比亚大学 Columbia-Harvard China and the World Program "China Remakes Cyberspace" 讲座后与主讲人美国对外关系委员会亚洲中心高级研究员史国力（Adam Segal）商榷。他同意笔者的观点，即可以把网络空间规则建构及国际法的建立与互联网等相关行业标准制定归为网络空间国际规范建设范畴之中。

② Diana Panke, Stefan Lang and Anke Wiedemann, *Regional Actors and Multilateral Negotiations Active and Successful?* London and New York：Rowman Littlefeld, 2018, p. 25.

③ 详见刘胜湘主编《国际政治学导论》，北京大学出版社2010年版，第170页；张丽君编著《全球政治中的国际组织（IGOs）》，华东师范大学出版社2017年版，第10页。专门性国际组织与本书所论述的功能性国际组织为同一概念。

分类方式的基础上，本书把开展网络空间国际规范建设的国际组织划分为政府间国际组织、非政府国际组织、地区性国际组织和功能性国际组织。

　　本书把国际组织分为四个不同类型进行研究，主要原因在于：一方面，参与制定规范的主体多元化，各类国际关系行为体均可成为规范建设的参与者；另一方面，规范建设涉及各类议题领域，数字信息产业不断发展使各类传统与新兴领域均与网络空间建立起紧密联系。伴随信息通信技术跨越式发展势头明显，国家安全、国际社会各阶层生活以及全球产业链的维系均难以离开根植于信息通信技术的网络空间。因而网络空间国际规范建设也势必是一项各类国际关系行为体共同参与的国际议题。国际组织作为一类重要的国际关系行为体，自身也是各类行为体参与国际事务的重要平台。伴随国际组织自身机制的不断演进，所衍生出的论坛型国际组织蓬勃发展。在这样一个多元化规范制定的机制体系中，单一的二元化分类难以满足本研究的需要。因此，在沿袭传统国际组织分类方式的同时，本研究对国际组织进行多样化划分，使这种分类与国际组织构建网络空间国际规范的现实情况相符合。具体而言，首先，基于成员属性，政府间国际组织与非政府国际组织的划分必不可少。成员的构成属性是国际组织分类中的一项主要原则，这一分类在国际组织研究中得到了普遍应用。网络空间国际规范建设所涉及的一系列具备国际法色彩的国际规则离不开具备官方属性的政府间国际组织，网络空间发展历程以及自身虚拟特质也使非政府国际组织的参与至关重要。其次，网络空间国际规范的适用范围与成员分布也在向全球与地区两个方向发展。基于网络空间国际规范建设的复杂性，全球性国际规范构建面临一系列问题，区域化的国际规范成为不少行为体关注的重要领域。因而本书也需要根据国际组织成员所在的地理区域对其进行划分。最后，伴随数字技术的发展，网络空间对其他国际议题产生全面性、深层次的影响。国际政治、经济、文化等各领域的发展已经与网络空间紧密融合。一些传统意义上与网络空间相关性不高的国际组织在制定与自身职能相关规范的同时，难以避免地涉及网络空间议题，且现有文献对这类国际组织的研究相对有限。鉴于国际组织的职能，功能性国际组织亦可称为一类。因而基于国际组织成员自身属性、地缘分布以及自身职能的分类有助于全面分析国际组织在网络规范建设中的角色，提升本研究的实践价值与理论意义。

需要说明的是，每一个国际组织都具备不同的属性与特质，也存在被归为多个类别的情况。但本书根植于主要研究问题，对国际组织类别划分的标准着眼于每个国际组织最为首要的特质。

第四节　理论假设和研究方法

本书观点与主要假设在于，网络空间国际规范建设是网络空间治理领域中的重要议题，同时网络规范也是涵盖总体性非技术规则与技术标准的重要议题。网络规范的形成有助于保障各行为体在网络空间活动的权利，维护网络空间国际秩序的稳定。国际组织作为构建网络空间国际规范的重要攸关方，发挥着举足轻重的作用，不同类别的国际组织在网络宏观规则与技术标准建设中也均扮演不同角色。而多利益攸关方、多边主义等既有治理模式为各方构建统一的网络规范奠定了一定基础。在多利益攸关方模式指导下，本书假设该模式是国际组织制定网络空间国际规范较为合理的路径。为了验证这一假设，笔者把国际组织划分为政府间、非政府、地区性与功能性四个不同的类别分别进行分析，以验证多利益攸关方模式在其中是否发挥了积极作用。

本书主要采用定性的实证研究方法，包括内容分析法与比较分析法。笔者通过分析既有相关国际组织制定网络空间国际规范的中外学术成果，探究国际组织在构建网络规范中的作用。选取不同类别的、具有代表性的国际组织作为案例进行分析。案例（有关国际组织）的选取标准主要基于以下三个方面。首先，选取作为案例研究的国际组织是不同类别国际组织中的主要代表，即该组织对构建网络规范有着举足轻重的作用。联合国是其中最具代表性的政府间国际组织。在非政府国际组织中，无论在对行业资源的掌控还是参与技术标准构建方面，国际互联网协会、互联网工程任务组、国际标准化组织、国际电工委员会等非政府国际组织也均是不可忽视的重要机构。本书还选取了一些地区性与功能性国际组织，其也在相关领域开展了一系列规范建设工作。其次，案例的选取在于尽可能弥补现有研究不足。如针对参与制定网络空间国际标准的国际组织既有研究较少，笔者则需要对相关国际组织进行深入探究。最后，案例的选取还需要对相关学术资源进行评估。本书选取的国际组织开展网络空间治理具有较长的历史，所积累的相关经验较为丰富。在相关国际组织的官方网站、数据库中均能获得较为丰富的研究资料。因此，笔者既努力保证作为案例研究的国际组织尽可能多样化，从而为探寻国际组织在网络空间国际规范建设中的作用提供更充足的依据；也充分考虑国际组织构建网络空间国际规范所取得的既有成效，选取的国际组织需要在这一领域取得一定的进展，进而更好体现出本书的创新意义。

另外，本书对所选国际组织构建网络空间国际规范进行过程追踪，分析其在制定网络空间国际规范方面取得的成效。本书还对不同的案例以及不同类别的国际组织进行分析比较，寻找其构建网络空间各领域国际规范的特色与差异。

第五节 本书框架与创新

第一章是导论，通过提出研究问题、回顾既有研究、界定相关概念等方面就国际组织参与网络空间国际规范建设进行研究议题的切入。第二章主要探讨网络空间国际规范构建的缘起、现状及面临的问题。提出网络规范的构建是涵盖政治经济等政策应用层面与核心技术层面的综合体系。第三章从利益攸关方模式的由来与缘起切入，概述其演进与发展过程，分析该模式的理论内核，并与其他模式相比较，探究其对网络规范制定的影响。第四章以联合国为例分析其所代表的政府间国际组织在网络规范制定中扮演的角色，探究政府间国际组织在规范建设中的既有成效与特质，并指出其面临的问题以及未来发展方向。第五章以全球网络空间稳定委员会（GCSC）、国际互联网协会（ISOC）、互联网工程任务组（IETF）、国际标准化组织（ISO）、国际电工委员会（IEC）为例评估非政府国际组织在网络空间普遍性规则和技术标准构建中的作用，并分析上述组织对利益攸关方理念的解读与多利益攸关方模式的应用，提出此类组织参与网络规范治理的可行路径。第六章以东南亚国家联盟（ASEAN）作为地区性国际组织的主要代表进行探究，归纳总结出东盟在推进区域性网络空间国际规范建设所取得的成果，提出未来地区性国际组织在该领域可行的规范建设目标与方式。第七章选取经济合作与发展组织（OECD）作为案例分析功能性国际组织在网络规范构建中的特殊作用。第八章从总体视角分析不同类别国际组织在网络空间总体国际规则与技术标准领域所扮演的角色，提出未来各类国际组织推进网络空间国际规范建设的路径。第九章结论部分对国际组织在网络规范制定过程中的作用进行总结，并为中国如何深度参与网络空间国际规范构建提出可行的建议。

本书的创新之处主要在以下三个方面。第一，通过厘清网络空间国际规范的内涵与外延，界定适用于本书的网络规范概念。既有研究对网络规范进行了一定分类，但有的分类过于详细。针对研究问题，本书把网络空间国际规范分为以下两个重要方向：一方面，伴随网络空间的持续演进，国际社会需要就网络空间中涉及国际政治、经济、社会等非技术议题开展规则制定；另一方面，作为专业技术领域的规范性文件，网络空间国际标准保证了相关前沿技术的稳定发展，也是国际社会所关注的一项重要议题。上述普遍性规则与专业性标准的划分清晰地厘清网络规范的外延，有助于之后探究各类国际组织在上述议题领域所发挥的作用。

第二，本书把国际组织分为政府间国际组织、非政府国际组织、地区性国际组织以及功能性国际组织四个类别，分别选取相应案例探究其构建网络规范的现状与特质。通过上述分类并选取具备代表性的国际组织作为案例进行分析，能够科学地归纳与比较不同类别国际组织的特质与侧重，从而恰当地衡量与评估国际组织在网络规范制定中的角色。长久以来，既有研究更多聚焦于具体国际组织在构建网络规范方面取得的成效，较少从国际组织整体视角进行宏观层面的探讨与评估。

第三，本书把多利益攸关方模式作为重要的理论分析框架。多利益攸关方是指导具体国际组织内部管理以及全球网络空间治理的重要模式，但不同国际组织对这一模式存在概念理解与解读视角等方面的差异。本书通过案例研究，探讨不同国际组织对利益攸关方理念与多利益攸关方模式的认知以及在此模式下的运作情况。鉴于新兴市场国家开始深度参与网络空间国际规范的制定，本书也对未来多利益攸关方模式的演进与发展路径进行前瞻性分析。

第 二 章

网络空间国际规范制定：
现状与挑战

　　基于人类的主观创设，互联网等数字技术建立的初始目的在于推动科学及军事进步。近数十年互联网等新兴数字技术飞速发展，现已形成涵盖各行业的庞大复杂体系。网络空间的出现完全根植于人类科技的进步，现已成为涵盖包括互联网在内诸多数字技术形态的复杂场域。网络空间作为人类唯一创设的且能比肩各类实体空间的虚拟空间，各类国际关系行为体逐渐注重发挥自身在其中的作用。网络空间治理也成为全球治理体系的重要组成部分。威斯特伐利亚体系以降，近现代国际体系的形成推动了国际机制与规范的建立。第二次世界大战后国际格局的稳定促进国际制度的成熟，各方能够尽可能地按照共有的国际规范约束自身行为，极大维护了世界和平。伴随网络空间的出现，与之相应的国际规范未能及时得到建立。早期互联网技术主要应用于军事及科研领域，只在美国和西欧部分国家得到应用，未能实现完全的跨境流动。伴随该技术的快速发展，目前互联网及相关数字技术已经广泛地应用于各行各业，跨国流动性与全球性开始得到充分体现。但与此同时，网络空间的全球化也带来各种问题，网络攻击、黑客入侵、隐私保护、网络基础设施保护等各类问题的出现促使各国开始重视网络空间的安全以及平稳秩序的建立。尤其是国家政治、经济、军事等各领域的安全也与网络空间产生愈发紧密的联系。其中，网络空间的安全与稳定需要基于共同认知的准则规范。因此，近年来各方开始重视并努力构建网络空间国际规范，促进全球网络空间治理体系的稳定。依据当前网络空间与各行业联系的紧密性，网络空间国际规范建设的重要性日益提升。网络空间国际规范既包括类似国际法在内的各类正式与非正式规则，也涉及各类专业性与技术性的标准。伴随互联网等多元数字技术的不断发展，网络空间国际规范成为一项不断发展、各方需要不断跟进的复杂议题。

第一节　网络空间国际规范的出现

作为新公域，网络空间成为涉及国际政治、军事、经贸、文化等各类行为的平台，缺乏规范将造成这一领域国际秩序的失序。因而从 20 世纪 90 年代网络空间全面转向民用以及全球化的过程中，各方开始构建可行的规范准则。

网络空间（cyberspace）这一概念最早于 1982 年由威廉·吉布森（William Gibson）在名为《燃烧的铬》（*Burning Chrome*）的故事中提出，随后发表在 1984 年出版的科幻小说《亡灵巫师》（又译为：神经漫游者）（*Neuromancer*），是指将电子信息设备与人体神经系统相连产生的一种虚拟空间，并由电脑控制台控制的有关电脑网络的适于航行的和数字化的空间。[①] 网络空间的概念纷繁复杂，如国际电信联盟把网络空间定义为"直接或间接连接到互联网、电信和计算机网络的系统和服务"。[②] 网络空间涉及物理基础结构与电信设备、计算机系统及有关软件、计算机系统之间的网络、用户的访问节点和中介路由节点、组成数据等。[③] 如今，在美国官方战略报告中也强调网络空间中各类行为体的互动关系，这使网络空间不再局限于信息环境下的物理层级，也涉及政治、社会等非技术层面的要素。

---

① 参见 William Gibson, *Neuromancer*, New York：Ace，1984，p. 2；鲁传颖《网络空间治理与多利益攸关方理论》，时事出版社 2016 年版，第 37 页；檀有志《网络空间全球治理：国际情势与中国路径》，《世界经济与政治》2013 年第 12 期。

② Frederick Wamala, "The ITU National Cybersecurity Guide", International Telecommunication Union, September 2011, https：//www. itu. int/ITU-D/cyb/cybersecurity/docs/ITUNationalCybersecurityStrategyGuide. pdf.

③ Marco Mayer, Luigi Martino, Pablo Mazurier and Gergana Tzvetkova, "How Would You Define Cyberspace?" Draft Pisa, May 19, 2014, https：//www. academia. edu/7096442/How_would_you_define_Cyberspace.

规范并非一成不变的,具备可延展性。① 网络空间的出现使现有国际规范面临新的变化,网络空间并非规范的真空地带。围绕信息通信技术领域的规范的定义存在差异,它们适用于具有不同身份、不同类型的行为体,这些规范针对网络行为做出不同的要求,有时会做出执行指令,有时则禁止采取行动。规范也可能产生或构成新的参与行为体、社会现实和组织结构。② 网络空间出现伊始应用于科研及军事领域,专业技术人员与军事机构是制定相关规范的重要行为者。早期网络空间并不具备完整的开放性,制定规范的参与者也极为有限,规范所涉及的范围局限于相关技术标准以及军事科研领域。伴随互联网逐渐应用于民用领域,与之相适应的规范需求随之增加,参与规范制定的行为体也逐渐增多。技术的不断发展以及应用范围的不断扩大使网络空间一方面促使各方产生新的适用于这一领域国际规范建设的需求,另一方面也使各方需要就旧的国际规范能否以及如何适用于网络空间开展讨论。

网络空间规则与标准构建是网络空间国际规范建设的两个重要方向。在网络空间宏观规则制定方面,主权国家与国际组织是重要参与方。在双边层面,美俄、中俄、中美等网络大国之间签署了相关协定,在减少网络空间冲突、避免互相发动网络攻击、建立信任措施等方面树立了双边规范,一定程度上缓和了国家间尤其是网络大国之间紧张且敏感的网络安全关系,但仍然面临缺乏透明性等问题。③ 双边层面的外交协议可以被看作"善意的表达",而不是坚定的承诺,因为没有设定严格的要求。④

在多边层面,政府间国际组织发挥了较为突出的作用。联合国等各类国际组织参与到全球性、地区性以及专门性的规则制定中,推进规则

---

① April Mara Major, "Norm Origin and Development in Cyberspace: Models of Cybernorm Evolution", *Washington University Law Review*, Vol. 78, Iss. 1, 2000, p. 63.

② Martha Finnemore and Duncan B. Hollis, "Constructing Norms for Global Cybersecurity", *The American Journal of International Law*, Vol. 110, No. 3, 2016, p. 444.

③ 参见 Patryk Pawlak, "Confidence-Building Measures in Cyberspace: Current Debates and Trends", in Anna-Maria Osula and Henry Rõigas, eds., *International Cyber Norms: Legal, Policy & Industry Perspectives*, Tallinn: NATO CCD COE Publications, 2016, pp. 148–149。

④ Anna-Maria Osula and Henry Rõigas, eds., *International Cyber Norms: Legal, Policy & Industry Perspectives*, Tallinn: NATO CCD COE Publications, 2016, p. 19.

协商机制与平台的建立。但在全球性的网络空间规则进一步细化的过程中，各国尤其是大国面临维护自身利益与被国际制度约束的矛盾。加之各国互联网发展背景与应用环境的不同，网络治理的认知与模式也存在一定差异，这都对深入构建普遍性规则产生了阻碍。同时，专业规范——与特定职业相关的文化，也在当代网络安全中发挥着关键作用。[①]宏观规则更多涉及与网络空间相关的国际政治、经贸等非技术层面议题，规则制定存在一定的滞后性。

网络空间标准侧重技术领域，涉及议题广泛，标准必须满足用户需求，但也必须实用，因为在构建符合标准的产品时必须考虑成本和技术限制。[②] 而网络空间规则旨在界定宽泛的行动准则，技术性色彩很弱。国际关系学界近年来开始关注网络空间规则研究，但忽视了这一空间技术标准建设。行业标准的制定在技术维度极大规制了网络空间的发展。构建行业与技术标准保证了互联网软硬件技术准则的统一，有助于互联网及数字产业的全球化发展，从而使各类行业发展与网络空间全面对接。这是第三次信息产业技术革命以来的重要特征。参与技术标准构建的国际关系行为体众多。各国政府、行业协会、技术人员、国际组织、跨国公司等行为体均为网络国际标准制定的参与方。在国际组织中，国际电信联盟是长期从事技术标准制定的政府间国际组织。非政府国际组织中，ICANN 就互联网核心资源——域名与根服务器进行分配。国际互联网协会、互联网工程任务组、国际标准化组织、国际电工委员会、电气和电子工程师协会等相关非政府国际组织开展互联网产业标准化工作。各类技术人员与社群也深入参与其中。地区性与功能性国际组织也制定了一些适用于组织内部的技术标准，但全球性的网络技术标准建设领域并非处于主导地位。

总体而言，当前的网络空间规则与标准建设还处于初级阶段，宏观规则与技术标准构建相互交织，尚未形成合理、科学且清晰的知识谱系。

---

① Martha Finnemore and Duncan B. Hollis, "Constructing Norms for Global Cybersecurity", *The American Journal of International Law*, Vol. 110, No. 3, 2016, p. 443.

② Karen Scarfone, Dan Benigni and Tim Grance, "Cyber Security Standards", June 15, 2009, https://ws680. nist. gov/publication/get_pdf. cfm? pub_id = 152153.

国家、社群、个人等行为体借助政府间与非政府国际组织、全球性与区域性的国际组织参与构建网络空间规则与标准,虽然达成了一定共识,但离形成具备约束力和可执行力的规范依然任重道远。

第二节 网络空间国际规范构建的现状

网络空间规则与标准是网络空间国际规范的两个重要方面。网络空间规则强调各行为体在网络空间活动所遵从的普遍性原则,趋向于构建网络空间国际法,在这一过程中原则的倡议属性不断减弱,约束执行力不断上升。而网络空间标准专业技术属性色彩浓厚,紧跟前沿技术,适用范围针对性较强。网络空间规则与标准具备不同特质。

一 网络空间规则构建的特征

网络空间规则制定作为非专业技术维度,根本目的在于对各方在网络空间中的行为进行规制,其发展现状主要在以下三个方面。

（一）宏观性与非技术性

网络空间规则构建的最大的特点在于议题领域的广泛与宏观。其目标在于从基础层面对各方在网络空间中的行为进行规制,保证行为体在网络空间活动中遵循国际社会所共同认可的原则。具体表现在三个方面:第一,国际社会需要在网络空间构建适用于这一领域的新规则。针对这一跨边境虚拟化的全球公域,各方需要构建新的且不同于传统现实空间维度的规则公约,以对各方在这一领域的行为进行约束与规制。第二,网络空间规则需要把国际社会广泛认可的现实空间的各类准则扩散、应用于网络空间中,包括最基本的《联合国宪章》《世界人权宣言》等国际准则与国际法。因而这一工作更多涉及了"高政治"领域,容易使各方形成不同的理解与认知,从而导致规则建设面临挑战。规则构建涉及网络空间中的主权、管辖权、人权、国际合作、国际冲突、跨国犯罪等国际关系与国际事务框架下的各类相关议题,也需要对各类专属名词的内涵与外延进行界定。第三,网络规则的广泛性表现在其所涉及和平与战争时期的一系列行为准则。以互联网为代表的数字技术对经济社会发展有着举足轻重的作用,各方对于可信赖且富有执行力的规则有着极大需求。以互联网为代表的数字技术也深度改变传统战争，网络战（信息战）的出现是对传统战争形态的深度颠覆。各国凭借网络武器乃至自主武器，通过网络攻击等方式以更小的成本获取更大收益。如何规制网络以及人工智能攻击与防御行为对于未来世界和平与国际体系的维护至关重要，因而在战争环境下的网络规则亦是一项涉及多方的重要议题。

相对于标准涉及的具体问题，规则的特质在于其涉及各方在网络空间中的行为，具备广泛性与宏观性。这种广泛性与宏观性是指各方的网络空间活动应当遵循的一种高度概括性与基本化原则。构建网络空间国际规则的方式包括各类国际组织出台相关决议、框架、战略、法规等政策性、法律性的文件，对网络空间战略稳定、和平与发展提出相应目标、规制与解决路径，并得到国际组织成员的审议与许可。当前，网络空间规则主要涉及的领域包括打击网络犯罪、网络隐私保护、提高网络弹性、网络攻击与防御等方面，议题的宽泛性使参与规则构建的利益攸关方既有政府等官方机构，也涉及与网络空间治理相关的从业人员，这导致制定规则的难度与复杂性大为提升。

（二）既有规则约束力的有限性

当前，网络空间国际规则以倡议、声明、决议、规划等形式呈现。这导致了网络空间国际规则的形式更多趋向于政策指导与行动建议，缺乏对各国强有力的制约。

偏重军事领域，北约卓越合作网络防御中心（the NATO Cooperative Cyber Defence Centre for Excellence，CCDCOE）分别于 2013 年和 2017 年发布了《塔林手册：适用于网络战的国际法》（*Tallinn Manual on the International Law Applicable to Cyber Warfare*）与《网络行动国际法：塔林手册 2.0 版》（*Tallinn Manual 2.0 on the International Law Applicable to Cyber Operations*）两版网络空间规则文件。第一版手册聚焦于约束各方在网络战争中的活动，第二版手册的编撰人员增加了中国等非西方国家的专家学者，内容也扩大为和平与战争时期各方的网络行动准则。①《塔林手册》

---

① 参见 Michael N. Schmitt ed.，*Tallinn Manual on the International Law Applicable to Cyber Warfare*，New York：Cambridge University Press，2013；Michael N. Schmitt ed.，*Tallinn Manual 2.0 on the International Law Applicable to Cyber Operations*，New York：Cambridge University Press，2017。

是迄今为止相对全面的一份网络空间国际规则文件，但其对国家没有法律约束力，更多起到指导参考作用。

全球网络空间稳定委员会是专门从事制定网络空间规则的私营机构，强调构建以"保护互联网公共核心"为中心的网络空间规则。① 虽然该组织成立时间不长，非政府国际组织属性鲜明，但其也积极参与联合国框架下的多边论坛，提升自身影响力。但遗憾的是，其所推出的网络空间规则更多停留在学术与政策研究层面，尚未对各方尤其是网络空间大国的治理方式与理念产生较为显著的影响。

在地区层面，欧盟能够形成相对严格的网络规则体系很大程度上基于成员国主权的有限让渡，因而欧盟这个案例存在一定的特殊性。但其他地区性国际组织所构建的网络规则普遍具备较强弹性。东盟在构建地区性网络空间规则层面以非正式制度安排为主体，主要采用声明、宣言、总体规划等较为松散灵活的制度形式，这既缺乏约束力，也欠缺执行力。② 美洲国家组织也成立了相关机构，在数字基础设施、数字金融、社交媒体、数据分类等议题方面开展了规则制定工作。但总体来看，上述规则难以形成约束性较强的区域性法规，其指导性与建议性原则较为明显。③ 欧洲委员会通过的《网络犯罪公约》在现有网络犯罪治理框架中最为完善与成熟，但仍未得到其他关键性国家的认可，基于该公约的司法合作也未能达到更实质的量刑和引渡层次。④

可见，上述各类国际组织参与制定的网络空间规则难以深入细致地进行下去，既有规则的倡议属性远大于其所应当具备的约束力与可执行力。各国尤其是网络空间大国出于维护自身安全，保障本国利益，某种程度上对普遍性规则的形成存在矛盾心理，既希望于网络空间规则约束其他行为体，保证自身安全，又不满意于自身行动受到国际规则的过多

① 参见 "Call to Protect the Public Core of The Internet", Global Commission on the Stability of Cyberspace, November 2017, https://cyberstability.org/wp-content/uploads/2018/07/call-to-protect-the-public-core-of-the-internet.pdf。

② 肖莹莹：《地区组织网络安全治理》，时事出版社 2019 年版，第 128 页。

③ 关于美洲国家组织的网络规范建设见其官方网站："Cybersecurity Program", OAS, http://www.oas.org/en/sms/cicte/prog-cybersecurity.asp#collapsep10。

④ 参见张豫洁《评估规范扩散的效果——以〈网络犯罪公约〉为例》，《世界经济与政治》2019 年第 2 期。

制约，不利于自身网络空间综合实力的提升。这使各方的理念原则存在差异，从而导致网络空间既有规则难以发挥出本应具有的执行力与约束力。

（三）各方理念与模式存在差异

当前各方围绕网络规则建设形成的理念模式存在差异。以美国为首的西方国家注重"网络自由""网络民主"等理念的重要作用，同时力推多利益攸关方作为网络空间治理的主导模式，并强调非国家行为体在网络空间规则制定中与政府拥有平等对话地位。而中国等网络新兴大国强调网络空间治理中国家应当处于治理中心并扮演主导角色，提出"网络主权""网络空间命运共同体"等治理理念。① 在网络空间主权原则上，西方发达国家的理解也与新兴市场国家存在一定的差异。西方国家认为主权国家在遵守其国际法义务的前提下，网络空间主权原则应当是国家对其领土内的网络基础设施、人员和网络活动享有主权权威；对外则可自由开展网络活动。② 而新兴市场国家，例如中国认为网络空间主权原则除了政府有权管辖信息通信技术活动和信息通信技术系统本身，还包括所承载的数据。③ 中国如此强调数据主权原则在于其自身信息通信技术发展历程以及多年的网络治理实践经验，对数据的管辖有助于维护国家安全以及本国社会的总体稳定。而以美国为首的西方国家始终强调互联网不应受到管辖与制约，数据应当自由地跨境流动。

在网络空间治理模式方面，西方国家与新兴市场国家差异明显。美国等西方国家始终强调多利益攸关方模式的主导地位。特朗普政府在2018年《国家网络战略》中明确指出多利益攸关方存在透明且自下而上的优越性，并认为国家中心治理模式破坏了网络开放自由，阻碍了创新并有损互联网功能。④ 欧盟虽然也强调在互联网治理中对公民个人权益的保护，但更强调一种广泛而全面的社会治理模式，认为网络空间为民主

---

① 参见《网络空间国际合作战略》，《人民日报》2017年3月2日第17版。

② ［美］迈克尔·施密特总主编，［爱沙尼亚］丽斯·维芙尔执行主编：《网络行动国际法塔林手册2.0版》，黄志雄等译，社会科学文献出版社2017年版，第59页，第61页。

③ 方滨兴主编：《论网络空间主权》，科学出版社2017年版，第82页。

④ "National Cyber Strategy of United States of America", The White House, September 2018, https：//www.whitehouse.gov/wp-content/uploads/2018/09/National-Cyber-Strategy.pdf.

法治之地而非军备竞赛的场所。① 而中国虽然强调"多边主义"对维护全球网络空间秩序具有重要意义，但并未将"多边主义"与"多利益攸关方"模式绝对对立，而是强调寻求二者的包容与融合，共同推进网络空间公正合理秩序的发展，并强调政府应当发挥主导作用。俄罗斯则强调应在联合国等多边框架下构建新型行为准则，避免通过网络实现敌对政治目的。② 印度亦是强调联合国应当发挥主导作用，提议建立"联合国互联网政策委员会"。③

　　上述各方在理念与模式上的分野阻碍了宏观规则的生成。中俄等上合组织成员国分别于 2011 年和 2015 年向联合国提交了"信息安全国际行为准则"文件，表达了部分新兴市场国家对网络空间规则的追求，中国于 2020 年 9 月发起的《全球数据安全倡议》受到国际广泛重视和肯定，但美欧等始终持质疑态度。凭借掌握数字技术的先发优势，美国的全球领导力得到了提升。虽然美国的自由主义者相信规则的达成是各国解决网络空间冲突的关键，但美国作为一个高度依赖互联网的网络强国，成熟的网络空间国际规则乃至国际法的出现会使美国在这一领域的行动受到限制。同时，各种双边、多边且可能相互冲突规则的存在很难对国家实际行动产生影响。④ 更深层次的原因在于，美国等西方网络主导大国希望自身能够始终在包括规则制定等领域全方位、深层次地掌握网络空间治理的主导权，从而使网络空间成为自身建立全球霸权、建设同盟体系、遏制其他崛起国家的重要抓手之一。⑤ 因而，权力与地缘政治的博弈是造成各方理念与模式差异的更深层因素。共识的难以统一阻碍了各类国际

---

　　①　中国网络空间研究院编著：《世界互联网发展报告 2017》，电子工业出版社 2018 年版，第 368 页。

　　②　参见张春贵《2017 世界互联网发展报告：全球网络空间治理进入多边、多方治理并行阶段》，人民网，2017 年 12 月 22 日，http://media.people.com.cn/n1/2017/1222/c14677 - 29724010. html。

　　③　中国网络空间研究院编著：《世界互联网发展报告 2017》，电子工业出版社 2018 年版，第 366 页。

　　④　参见 Milton Mueller, "The Paris IGF: Convergence on Norms, or Grand Illusion?" Internet Governance Project, School of Public Policy Georgia Tech, November 9, 2018, https://www.internet-governance.org/2018/11/09/the-paris-igf-convergence-on-norms-or-grand-illusion/。

　　⑤　关于美国同盟体系与网络空间的关系可参见蔡翠红、李娟《美国亚太同盟体系中的网络安全合作》，《世界经济与政治》2018 年第 6 期。

组织开展网络规则制定的进程。

二 网络空间标准制定的特质

所谓技术标准，从形式上讲就是关于产品技术要素的一系列成文规定。标准的建立，提高了关于产品和工艺信息的编码化。当技术标准作为一个社会的公共产品出现时，它使不同要素或系统之间通过遵守共同的标准体系而实现兼容互通，它构成设备系统有效运行的前提，有助于降低厂商之间、消费者和厂商之间的信息成本，起到了规范技术发展和提高经济活动效率的作用。[1] 网络空间标准作为网络空间治理下的重要领域，建设过程是长期且复杂的。标准制定的特质使这一议题与各国互联网等数字产业建设以及不同属性非国家行为体的利益密切相关。

（一）专业技术性

专业化、技术性是网络空间标准最为显著的特质。开放标准奠定了当今数字基础设施的基础，对于网络空间运行至关重要。制定国际标准的主体涉及多个类别的机构，包括 ISO、IEC、ITU 等 40 个国际组织、美国国家标准协会（American National Standards Institute，ANSI）、英国标准化协会（British Standards Institution，BSI）、德国标准化学会（Deutsches Institut für Normung，DIN）等 41 个国家标准机构，以及电气和电子工程师协会、信赖计算组织（Trusted Computing Group，TCG）等 42 个行业标准联盟。人们认识到，大多数通用技术标准必须解决安全问题。并且在许多情况下，必须把保护隐私考虑进去。今天存在的潜在相关标准的清单是巨大的。建立了坚实的国际公认政策机制，以支持使用开放标准，包括在世界贸易组织内达成协议。标准的建立是建设动态和开放网络空间的基础。[2] 在网络空间出现早期，其应用领域的有限性使技术标准的制定基本由专业技术人员进行。网络空间发展至今，所涉及的领域愈发广泛，技术人员依然在该领域标准制定中起到其他攸关方难以替代的作用。

---

[1] 杨剑：《数字边疆的权力与财富》，上海人民出版社 2012 年版，第 282 页。

[2] Claire Vishik, Mihoko Matsubara and Audrey Plonk, "Key Concepts in Cyber Security：Towards a Common Policy and Technology Context for Cyber Security Norms", in Anna-Maria Osula and Henry Rõigas, eds., *International Cyber Norms：Legal, Policy & Industry Perspectives*, Tallinn：NATO CCD COE Publications, 2016, p. 236.

纵观从事互联网标准制定的国际机构,大多具有较强的行业属性,且代表各国参与这类国际组织的也均为国内相关政府部门与行业协会,技术类人员与机构依然是国际专业标准制定的重要参与方。但不能忽视的是,网络空间标准这一"低级政治"领域并不意味着其对全球治理乃至国际政治重要性的削弱。网络空间发展至今所具备的特殊意义在于:无论是传统疆域还是极地、深海、太空等新公域均离不开互联网等数字技术的支持。互联网等数字技术对国防科工、大型基础设施建设的重要性与日俱增,各类行为体之间的博弈与协作也愈发离不开数字技术的加持。其中,如果没有可靠的专业标准规制各类行为体在这一空间中的行为,很难保证网络空间全球体系的稳定运行。因而网络空间标准虽然是全球治理体系中的重要技术性微观议题,但对传统安全领域的影响不可小觑。此外,良好的政策制定实践和标准化实践之间存在着许多重要的相似之处,这使国际标准的使用和参考被越来越多地视为良好监管实践和公共治理的一部分。[1] 网络空间标准建设的成熟也深度影响国内标准与法规政策的制定,一定程度上会减少主权国家尤其是发展中国家国内标准建设成本。因而,构建网络空间专业化标准也有助于推动各国科学地制定国内相关网络准则。

(二)聚焦技术前沿领域

目前,面对数字新技术的不断涌现,各方在标准制定层面紧跟技术的发展,及时制定可行技术准则,弥补新技术出现所形成的标准空白,技术标准与包括网络犯罪、网络基础设施建设等其他治理议题联系密切。伴随技术快速迭代,网络空间标准建设的前沿属性逐渐凸显。

伴随新兴数字技术的快速发展,为避免造成一些领域的标准暂时面临诸多空白,相关国际组织以及行业公司巨头积极跟进制定新标准。因而,网络空间标准制定的重要特质在于紧跟前沿技术的发展,保证新标准的及时出台。其中,各类主权国家尤其是网络大国希望能在这一领域开展合作,尽早确立信息通信技术(ICT)产业新标准,明确其应用范围。各国也争做技术标准的引领者,力图占据主导地位。因此各类国际

---

① ISO and IEC, "Using and Referencing ISO and IEC Standards to Support Public Policy", https://www. iso. org/files/live/sites/isoorg/files/store/en/PUB100358. pdf.

组织有义务对此进行有效疏导和沟通，协调各攸关方合理地做出决策，化解各方矛盾。同时，相关国际组织积极建立下属机构和专家小组，专门负责人工智能等新标准制定。新技术的不断涌现不仅使各方在网络空间标准制定中的作用得到调整，也影响网络空间总体治理格局的进程。因而就新技术标准的协商，各类国际组织需要提升自身在网络空间标准构建中的话语权与执行力，通过多边对话协调各方扩大理念认知范围，这有助于推动网络新技术在出现初始就确保使用的安全性与规范性，保障各方权益。国际技术标准建设对国际政治的重要意义在于其始终走在科技发展的前沿，这从美国在 5G 等前沿数字技术标准领域对华竞争中得到充分体现。

（三）涉及攸关方的广泛性

技术标准建设对于全球各行业发展意义重大。近代以来，伴随工业化生产以及各国联系日益密切，新兴数字技术的出现为相关标准的协商制定提供了更为广阔的空间。标准制定对网络空间的特殊意义在于，在这样一个完全由人类自身创设的全球公域中，需要一套涵盖全面的技术准则，以保障其健康发展。同时，网络空间的发展越发对小到民众的日常生活，大到国际政治、经济与军事安全产生重要影响，因而行业标准的制定牵涉各方利益。良好政策制定与标准化实践的共同特征包括开放性、透明度、有效性、全球相关性、共识和专家意见。① 相较于网络空间规则制定，标准建设更多涉及与数字技术领域相关专业准则，各行为体围绕上述问题的协商与合作既要考虑自身利益，减少跨境合作的交易成本，也要考虑所涉及议题是否合乎人类普遍价值伦理，这有助于加深各方的相互理解，扩大合作共识。伴随网络空间和行业与国家安全相关度的提升，统一标准制定成为事关各方核心利益的重要事项，满足各方对自身安全的需求。当前网络空间各类恶意行为频繁发生。对政府而言，网络攻击对国家总体安全带来严重影响，对国家政治、军事、金融等关键领域带来极大威胁。但也应注意到，网络空间标准制定作为一个复杂的治理议题，政府只是参与方之一。跨国公司、技术人员、行业协会等

---

① ISO and IEC, "Using and Referencing ISO and IEC Standards to Support Public Policy", https://www.iso.org/files/live/sites/isoorg/files/store/en/PUB100358.pdf.

技术性、专业性的非国家行为体也在其中扮演着不可或缺的角色。构建网络空间标准所涉及的攸关方是极其广泛的，这在某种程度上也加剧了标准制定的复杂性。

因此，网络空间作为人类创设的共有空间，这一领域的国际标准公共产品的性质决定了全球标准一旦被制定出来，就可以被所有个体所分享，成为满足非排他和非竞争的典型公共物品。共同的全球标准创造了积极的外部性，为各类行为体自身在网络空间领域的发展提供了极大便利，同时保证了多元行为体间的合作和协调，提高了全球治理的效率。[①]

第三节　构建网络空间国际规范
所面临的挑战

网络空间作为人为创设的全球公域，各方在其中的活动需要规范约束，但也面临一系列问题，这些问题不利于网络空间国际规范体系建设。

一　规范构建的国际机制存在碎片化趋势

网络空间宏观规则建设面临困境，究其原因，很大程度上在于发达国家与新兴大国基于不同的利益考量所形成的不同理念与模式。其中，中美两国的网络安全战略与政策在很大程度上能够代表这种差异与分野。两国虽然均认可构建网络空间国际规范符合共同利益，但两国存在的问题主要在于治理理念的差异。中美对于多利益攸关方模式的理解并不相同，同时缺乏战略互信，认为相互在削弱自身网络影响力，沟通的渠道也不通畅，各自对网络新政策的解读存在不同程度的偏差，两国管控危机的机制建设也相对滞后。[②] 此外，欧美与中俄等国家就现有国际法是否适用于网络空间的问题也一直存在争议。俄罗斯认为欧美推动既有旧法适用于网络空间是把网络空间趋向于军事化，中国也强调需要制定新的

[①] 参见蔡拓、杨雪冬、吴志成主编《全球治理概论》，北京大学出版社 2016 年版，第 127 页。

[②] 参见李艳《网络空间治理机制探索——分析框架与参与路径》，时事出版社 2018 年版，第 180 页。

法律与规范，但欧盟担心新的条约法律被威权政府使用从而加强控制网络空间，美国认为或许可以从不具约束力的"软法"入手确立各国家行为主体都能接受的行为准则。① 关于网络规范的国际对话机制较为混乱，各国、地区性国际组织、私营部门实体和非营利组织都在推广其希望的机制和模式。② 规范构建碎片化的一个重要表现在于各类国际关系行为体均参与到网络空间规则与标准建设之中，并积极争取自身所青睐的规范体系上升为国际准则。实际上，在国际卫生、能源、气候等传统治理领域，联合国等全球性、官方属性较强的国际组织扮演了重要角色。但在网络空间治理中上述国际组织未能产生较大成效，反而非政府国际组织在技术标准等网络规范领域发挥主导作用。网络空间国际规范建设至今基本上已经形成了各类行为体所形成的一系列众多治理碎片化机制。基于相似的理念，西方国家与中俄等新兴市场国家开始在总体性规范建设上形成不同集团，突出表现为上述国家在联合国等国际组织中形成专业化机构。互联网协会与全球网络稳定委员会等非政府国际组织也深入涉及宏观规则制定之中。一系列非政府国际组织还深入进行技术标准建设。欧盟、东盟、北大西洋公约组织、上海合作组织、金砖国家等区域性、功能性国际组织开始涉及网络规范议题。各类国际论坛召集各方就构建可行的网络国际规范进行讨论协商。上述各类国际机制的出现表明，构建网络规范的国际机制正朝着碎片化方向发展。参与行为体的多元、模式理念的分散是导致机制碎片化的重要原因。

二 普遍性规则与技术标准呈现差异化发展

国际制度理论将规范发展确定为制度化进程中的第二步。第一步是就原则达成一致，即要治理的部门或领域的基本事实。虽然各国对自身在网络空间中作用的理解存在巨大差异，仍试图发布规范，这是很不幸的，但也是事实。在各方就网络空间作为全球公域以及非主权空间的地

---

① 参见徐培喜《网络空间全球治理：国际规则的起源、分歧及走向》，社会科学文献出版社 2018 年版，第 14—17 页。

② Alex Grigsby, "The United Nations Doubles Its Workload on Cyber Norms, and Not Everyone Is Pleased", Council on Foreign Relations, November 15, 2018, https://www.cfr.org/blog/united-nations-doubles-its-workload-cyber-norms-and-not-everyone-pleased.

位达成一致之前,规范将无法有效实施。① 网络规范构建如今仍处于初级阶段,虽然一直推进网络信息产业行业标准制定,且各方密切追踪,努力弥补各类网络信息前沿技术发展所形成的标准空白,但网络空间宏观规则尤其是具备约束力的国际法仍未出现。其中主要原因即网络空间自身属性较为特殊以及参与网络空间治理行为主体的多样化。网络空间治理不同于其他全球治理议题的特质在于,这一空间是人类凭借科学技术所创设,最早由科研人员与军方层面的高级人员掌控。此后国际组织尤其是私营机构开始介入其中,技术标准体系建设在各类非国家行为体的主导下稳步前进。但伴随网络空间与"高政治"议题的联系日趋紧密,普遍性规则建设愈发受到主权国家与政府间国际组织的影响,深受治理模式与理念的分野乃至权力与地缘竞争的影响,网络空间规则尤其是全球层面的规则制定出现诸多问题。

对于普遍性规则而言,各方需要在这一领域加紧制定出一套真正可行的国际规则体系,但面临重重困难。双边框架下,中美、俄美等网络大国之间的规则协定涉及成员较少,难以满足国际需求。多边主义则是网络空间国际规则制定所秉持的重要方式。因而,规则构建与政府间国际组织尤其是联合国有着紧密的联系。网络空间普遍性规则的构建源于1998年,联合国大会通过俄罗斯提出的决议,表示信息通信技术可能"对国家安全产生不利影响"。② 1999年的联合国大会请所有会员国向秘书长通报其对关于信息安全问题的意见和评估,包括对信息安全问题的总体看法、信息安全的各种基本概念定义、是否应建立国际原则等方面。③ 此后,联合国通过信息安全政府专家组等专门机构开展网络空间与现有国际法等国际准则的对接,也取得了一定成效。但随着制定网络规则的具体与深入,各国分歧凸显,联合国体系下的治理也出现停滞。其

---

① Milton Mueller, "The Paris IGF: Convergence on Norms, or Grand Illusion?" Internet Governance Project, School of Public Policy Georgia Tech, November 9, 2018, https://www.internetgovernance.org/2018/11/09/the-paris-igf-convergence-on-norms-or-grand-illusion/.

② 参见 Alex Grigsby, "The End of Cyber Norms", *Survival Global Politics and Strategy*, Vol. 59, No. 6, 2017, p. 110; 联合国大会《53/70. 从国际安全的角度来看信息和电信领域的发展》, A/RES/53/70, 1999 年 1 月 4 日。

③ 联合国大会:《53/70. 从国际安全的角度来看信息和电信领域的发展》, A/RES/53/70, 1999 年 1 月 4 日。

他国际组织也直接或间接推动各方就此问题开展协商讨论，但所构建的规则更多具备倡议与建议属性。一些国际组织在开展其他议题治理的同时也涉及网络空间规则，扩展了网络空间国际规则的外延。总体而言，多边框架下的规则制定尚未取得突破性进展。

技术标准是网络空间国际规范的重要组成部分，信息通信技术的发展使各方在这一维度内的一系列活动需要受到规范与制约。非政府国际组织、跨国公司等其他行为体在标准制定的进展较为明显，尤其伴随人工智能等数字新技术的出现使标准制定更为迫切。同时，标准建设受到政治与经济等非技术领域的干预相对较少，参与国际标准制定的人员多是各国专业技术人员，所参与的国际组织也相对固定。由于互联网与传统电子信息与电气工程等领域联系紧密，使 ISO、IEC 与 ITU 成为网络空间标准建设的重要国际组织。因而，国际标准建设呈现更为明朗的发展态势，而普遍性规则制定面临较多问题。由于网络空间是一个全新的、不同于传统现实维度的国际公域，各国在这一领域发展程度不一。发达国家希望在网络空间维护自身既有优势，不希望出现太多束缚，而发展中国家技术水平有限，希望能够借助国际规则规范各方行为，对自身网络空间发展形成有利态势。

一直以来，构建网络空间国际规范是一项复杂的议题，这既存在概念上的复杂性，也涉及行业领域的宽泛性。概念的复杂性在于网络空间国际规范是一个涵盖普遍性规则与行业性标准的综合性框架。其中普遍性规则是指各类行为体在网络空间中应当遵循的行为规则以及各方普遍认可的基本原则，包括基础概念的界定、基本理念的外延等，这为各方在网络空间中的行动划定一个共同认可的合法范围。而行业性标准根植于网络空间的技术属性，涉及一系列行业技术领域的标准规范意在推进互联网产业的健康发展与广泛普及。网络空间的全球公域属性以及跨边界特质使技术标准制定有了统一的行业准则，消除各方在技术产业发展中的差异，促使各方更好地参与到全球互联网及数字产业建设之中。

网络空间国际规范构建如今已成为一个涉及各行各业的重要问题。互联网产业的兴起源自 20 世纪 60 年代开端的信息技术革命，产业源头在于电信行业，这既涉及通信方式的迭代更新，同时也与计算机、电子技术的发展密切联系。因而网络空间国际规范建设离不开电信与计算机产业的支持。网络空间发展至今尤其是伴随大数据、人工智能、工业互联网等新兴衍生技术的广泛应用，全球经济、金融、基础设施建设、医疗卫生事业的发展均离不开互联网等数字技术的支撑。网络空间与既有全球治理议题的联系日益密切，既包括军备控制与核武器等传统安全领域，也涉及全球经济与金融产业、气候变化与能源治理、医疗卫生等非传统安全议题。既有网络国际组织在制定网络空间国际规范过程中与其他专业国际组织的合作充分表明网络规范已成为各领域共同面对的复杂议题。

第四节　小结

本章主要提出网络空间国际规范这一概念，阐述其发展过程，总结其特征，指出构建规范遇到的问题。网络空间规则与标准作为网络规范的两个重要组成部分，具备不同特质。网络空间规则较为宏观，具备浓厚的"高政治"色彩，非技术因素对其发展产生了重要影响。而网络空间标准具备浓厚的技术色彩，专业人员在其中发挥了较为重要的作用。总体层面，鉴于国家间差异化的理念与运作模式，当前网络空间国际规范面临较为严重的碎片化趋势，涉及"高政治"议题的规则制定面临挑战。标准制定受非技术因素的影响相对较少，国际标准体系的构建更为平稳。因此，网络空间规则与标准的制定也存在不同的发展方向。

第 三 章

多利益攸关方模式理论辨析

鉴于西方国家对多利益攸关方模式的推崇，这一模式如今已成为网络空间治理的主导方式。虽然发展中国家对这一治理模式存在不同观点，并寄希望于对其进行改革。但短时间内，这一模式依然是主导网络空间总体治理领域以及各类国际组织内部管理的主要方式。

第一节 多利益攸关方模式的发展

多利益攸关方的模式发展至今并非一蹴而就，能成为主导全球网络空间治理的主导模式存在深刻的历史背景。伴随网络空间不断发展，这一模式也随之不断演进成熟。

一 利益攸关方与多利益攸关方的概念缘起

利益攸关方的概念最早出现在公司治理领域，旨在强调除了股东其他参与公司运营的普通债权人、员工等。利益攸关方概念与多利益攸关方模式中的"攸关方"（stakeholder）也经常被译作"相关方"。"利益相关者"这一概念最早被提出可以追溯到 1929 年通用电气公司一位经理的就职演说，此后数十年，并没有出现明确的概念。[①] 在公司治理领域，利益攸关方概念通常也被称为利害关系者或利害关系持有者。有的书也称其为相关利益者，将其解读为与股东（shareholder）相关的概念。企业的经营着眼点不仅在于股东，还应关注利害关系者的利益。这些利

① 刘彦文、张晓红主编：《公司治理》，清华大学出版社 2014 年版，第 189 页。

害关系者对企业的经营与营利、生存与发展都起着至关重要的作用，忽视任何一种利害关系者的存在，都可能对企业产生严重后果。弗里曼（R. Edward Freeman）认为："利益相关者是能够影响一个组织目标的实现，或者受到一个组织实现其目标过程影响的所有个体和群体。"① 20 世纪 80 年代，美国经济学家布莱尔（Margaret M. Blair）提出的"利害相关者"观点是一种风险共担、利益共享的公司治理理念，对自由放任、损害公众利益的"股东资本主义"是一种修正和限制。20 世纪 90 年代中期以后，西方社会民主党人将这一公司治理模式改造成社会政治概念，提出了"利害相关者资本主义"（stakeholder capitalism）这一路径。它既不同于传统社会主义仅追求工人阶级利益，也不支持自由放任资本主义追求股东利益最大化，而是强调"利害相关者"的利益最大化。②

而在国际关系领域，利益攸关方概念最早出现在 2005 年美国对中国的关系定位中。2005 年 9 月，时任美国副国务卿的罗伯特·佐利克（Robert B. Zoellick）发起了与中国的战略对话。他认为中国作为一个新兴大国，应成为"负责任的利益攸关方"（responsible stakeholder），利用其影响力将苏丹、朝鲜和伊朗等国家纳入国际体系。③

多利益攸关方还被看作一种外交模式，多利益攸关方外交旨在将主要利益攸关方聚集在一起，建立沟通、对话或参与决策的关系。时任联合国秘书长在《千年报告》（*Millennium Report*）中明确提出了多利益攸关方外交，认为更好的治理意味着更多行为者的参与。④ 利益攸关方外交涉及的领域包括经贸、环境、能源等各个层面。因此，包括联合国在内

---

① 刘彦文、张晓红主编：《公司治理》，清华大学出版社 2014 年版，第 189 页。

② 谢迎芳：《利益攸关方（利益相关方）（stakeholder）——二个广为使用的错误译名》，广东省 应对技术性贸易壁垒信息平台，2015 年 8 月 4 日，http://gdtbt. org. cn/noteshow. aspx? noteid = 60823。

③ "U. S. Relations with China 1949 – 2019", Council on Foreign Relations, https：//www. cfr. org/timeline/us-relations-china.

④ John West, "Multistakeholder Diplomacy at the OECD", in Jovan Kurbalija and Valentin Katrandjiev, eds., *Multistakeholder Diplomacy-Challenges and Opportunities*, Malta and Genva: Diplo-Foundation, 2006, pp. 155 – 156; Kofi A. Annan, "We the Peoples The Role of the United Nations in the 21st Century (Millennium Report of the Secretary-General)", United Nations, 2000, https：//www. un. org/en/events/pastevents/pdfs/We_The_Peoples. pdf.

的国际公共领域接受许多行为者的参与，这些行为者的贡献对于全球化的发展至关重要，衍生出的"多利益攸关方伙伴关系"（multi-stakeholder partnerships）也成为全球新兴可持续治理体系的重要新要素。① 多利益攸关方伙伴关系被认为是一种创新的治理形式，它通过将民间社会、政府和企业的关键行为者聚集在一起来弥补国家间政治的不足。②

可见，利益攸关方与多利益攸关方成为多元化、跨学科的概念，在管理学、政治学、国际关系等领域均得到广泛应用。在国际关系学界，利益攸关方与多利益攸关方模式通过与国际关系概念的结合，正逐渐发展为新型国际关系理论。前网络空间治理时代利益攸关方概念在其他领域的解读为网络空间治理中上述概念的应用奠定了重要基础。

网络空间治理为利益攸关方概念与多利益攸关方模式带来广阔的实践空间，提升了自身理论价值。利益攸关方成为政府、国际组织、私营机构、行业协会、技术专家等各类参与网络空间治理的国际关系行为体的代称。在联合国、经合组织、欧盟、东盟等国际组织出台的有关网络空间文件中明确涉及了利益攸关方概念，而在 ICANN、ISOC、IETF 等专门从事互联网治理国际组织的运作架构、治理路径中，利益攸关方概念更是得到广泛应用。此外，美国、英国、欧盟等西方主导行为体在国家网络战略、行动计划等官方文件中也较多涉及利益攸关方概念。因而，网络空间治理维度下的利益攸关方概念与多利益攸关方模式有着更丰富的理论基础与实践空间。

---

① Philipp Pattberg and Oscar Widerberg, "Transnational Multi-Stakeholder Partnerships for Sustainable Development: Building Blocks for Success", *IVM Institute for Environmental Studies*, Report R-14/31, August 13, 2014.

② 参见 Philipp Pattberg and Oscar Widerberg, "Transnational Multi-Stakeholder Partnerships for Sustainable Development: Building Blocks for Success", *IVM Institute for Environmental Studies*, Report R-14/31, August 13, 2014"; Jan Martin Witte, Charlotte Streck and Thorsten Benner, "The Road From Johannesburg: What Future for Partnerships in Global Environmental Governance", in Thorsten Benner, Jan Martin Witte and Charlotte Streck, eds., *Progress or Peril?: Partnerships and Networks in Global Environmental Governance. the Post-Johannesburg Agenda*, Washington D. C.: Global Public Policy Instute (GPPi), 2003, pp. 59 – 84; Wolfgang H. Reinicke, *Critical Choices: The United Nations, Networks, and the Future of Global Governance*, Ottawa: International Development Research Centre, 2000; Charlotte Streck, "New Partnerships in Global Environmental Policy: The Clean Development Mechanism", *The Journal of Environment & Development*, Vol. 13, No. 3, 2004, pp. 295 – 322。

二　多利益攸关方模式的演进

虽然多利益攸关方模式并非源自网络空间治理领域，但这一模式深度契合网络空间特质，受到了各方青睐。网络空间各具体议题治理存在跨边境、跨部门属性，这也需要各方平等地开展协商合作。2005 年，在联合国信息社会世界峰会（World Summit on the Information Society，WSIS）结束时，多利益攸关方一词进入了互联网治理领域。这一概念在此次峰会后迅速传播，并开始广泛影响网络空间治理组织的话语体系。① 该模式倡导的各方平等参与和西方价值理念相符，也是其能够成为网络空间治理主导模式的重要原因。

虽然多利益攸关方模式契合了互联网治理的特征和趋势，是当前全球治理的大势所趋。但它不是唯一的解决方案，而是一种普遍意义上的治理路径和方法。在实践中，根据不同议题，它可以有多种表现形式，各方依据其行为体特性，发挥不同作用；多边主义作为一种具体的实践形式，与多利益攸关方模式并不对立，而是相互补充。② 网络技术人员是最早推动互联网运营、参与网络治理的主体参与方，他们中的很多人深受无政府主义思想浸淫。在西方资本主义运作模式以及美式民主自由价值观念引领下，网络空间在从其诞生之初就具有很强的非政府即私有化属性。基于互联网自身发展历程，ICANN、IETF 等专业化国际组织较早占据关键资源，因而在模式与理念层面掌握较大的话语权。这在很大程度上也深刻影响非政府国际组织参与网络空间治理事务的趋势。伴随网络空间对国家安全与全球事务重要性的不断提升，政府开始深度介入网络治理。在各方博弈与协调中，多利益攸关方模式逐渐被各方所接受。

作为网络空间的发源地，美国对网络空间治理模式有着极大的影响力，表示要确保多利益攸关方模式在网络空间治理中得到普遍应用，将该模式与互联网的开放创新联系起来，明确反对建立以国家为中心的治

① Jeanette Hofmann, "Multi-stakeholderism in Internet Governance: Putting a Fiction into Practice", *Journal of Cyber Policy*, Vol. 1, No. 1, 2016, p. 35.

② 郎平：《从全球治理视角解读互联网治理"多利益相关方"框架》，《现代国际关系》2017 年第 4 期。

理框架。① 伴随网络新兴国家的崛起，西方国家在网络空间治理中的绝对优势衰减，现有治理模式受到一定冲击。多利益攸关方模式主张各方平等参与，是一种扁平化的治理方式，与多边主义模式中政府作为治理主体形成了鲜明的对比。② 但需要明确的是，与核武器与军控不同，网络空间对国家总体安全的重要性逐渐上升。以互联网为代表的多元数字技术与业态从无到有，对民众生活与国家安全的影响力从小变大。维护国家安全的紧迫性决定了政府在网络空间治理过程中需要发挥更大作用，这使得未来的网络空间治理模式将会进入演进与调适阶段，网络空间安全存在向传统安全治理模式靠拢的趋势。

多利益攸关方作为网络空间治理的重要模式，强调网络空间治理在多方协商合作下进行。这并未突出政府在其中的作用，只视之为与其他各方平等参与的一员。网络空间作为专业性要求较高的治理领域，很大程度上在于该议题自身具备的技术属性从而形成现有的治理模式。随着技术发展与全球政治经济的联系日益紧密，网络空间的地缘政治色彩愈发浓厚，网络空间安全成为国家安全重要组成部分，政府在现有治理模式中的地位得到提升。

因此，既有的多利益攸关方模式推动了网络空间国际准则、数字新兴技术以及互联网基础设施建设与发展，并得到非政府国际组织的极大支持。作为互联网的诞生地，美国对该模式的护持也更加凸显该模式的重要性。

三　多利益攸关方模式的理论内核

利益攸关方这一称谓表现出不同行为体与治理对象的紧密关系，多利益攸关方表现出参与治理行为体的多样性。如今，多利益攸关方模式有效协调了各方核心利益，无论是在相关国际组织内部管理，还是全球网络空间总体治理模式的构建中，该模式均发挥了重要作用。作为在实践中形成的运作模式，多利益攸关方已具备理论建构的基础，因而有学

---

① "National Cyber Strategy of United States of America", The White House, September 2018, https：//www. whitehouse. gov/wp-content/uploads/2018/09/National-Cyber-Strategy. pdf.

② 郎平：《网络空间国际治理机制的比较与应对》，《战略决策研究》2018 年第 2 期。

者把这一模式上升为一种"理论"和"主义"进行分析。① 诚然，该模式发展至今确已形成相当成熟的运营流程，基于利益、资源、理念的协调形成的这一协商模式得到各方认可。广义上而言，只要是主权国家、国际组织、个人和社群等多方参与的网络空间治理形式均可称为多利益攸关方模式。网络空间治理实施开放式讨论层面便通过这一模式运行，即采取各种正式和非正式的讨论途径，包括探讨、提出互联网草案、公共论坛或出版物等形式，对与互联网运转相关的政策与标准提出建议。② 多利益攸关方模式具备三种重要的理论要素：其一，基于各方平等。平等并不意味着所有利益攸关方在各种情况下都具有相同的作用，其能力和需求因环境而异。这表明利益攸关方具有相同地位，可以平等地参与审议与决策。③ 参与治理主体的平等性源于互联网技术发展所秉持公开公平的原则，网络空间的健康运行保证了各类群体在终端面前具有平等的权利。在美国，早期技术人员对网络空间核心资源的掌握使政府难以全面控制这一领域。多利益攸关方模式与多边主义的重要区别在于前者各方地位相对平等，而不是主权国家政府发挥主导作用。这种各方平等参与，共同就具体议题进行讨论可以说是多利益攸关方模式最为主要的特质。其二，基于共有的利益。伴随网络空间与国家总体安全关联度的提升，各国在这一空间领域所涉及的国家利益日益增多。其中，安全成为最重要的利益体现，多利益攸关方模式的重要目的之一在于全方位保证各方进行网络空间活动的安全性。网络空间安全与实体空间安全的保障

---

① 参见鲁传颖《网络空间治理与多利益攸关方理论》，时事出版社 2016 年版；Christine Kaufmann, "Multistakeholder Participation in Cyberspace", *Swiss Review of International and European Law*, Vol. 26, No. 2, 2016, p. 223; Derrick L. Cogburn, *Transnational Advocacy Networks in the Information Society Partners or Pawns?* New York: Palgrave Macmillan, 2017, pp. 3 – 21; Avri Doria, "Use and Abuse of Multistakeholderism in the Internet", in Roxana Radu, Jean-Marie Chenou and Rolf H. Weber, eds., *The Evolution of Global Internet Governance Principles and Policies in the Making*, Berlin, Heidelberg: Springer, 2014, pp. 115 – 138; Madeline Carr, "Power Plays in Global Internet Governance", *Millennium: Journal of International Studies*, Vol. 43, No. 2, 2015, pp. 648 – 650。

② 李艳：《网络空间治理机制探索：分析框架与参与路径》，时事出版社 2018 年版，第 76 页。

③ Avri Doria, "Use and Abuse of Multistakeholderism in the Internet", in Roxana Radu, Jean-Marie Chenou and Rolf H. Weber, eds., *The Evolution of Global Internet Governance Principles and Policies in the Making*, Berlin, Heidelberg: Springer, 2014, p. 123.

具有很大差异，网络空间具有自身的虚拟性以及与现实空间紧密联系的双重属性。根植于跨边境的数据流动，一方仅做好自身的网络防御是不现实的，各方掌握着不同的技术资源，只有相互支持才能共同保证集体安全。其三，基于共有的规则和共识。多利益攸关方模式促使各类行为体形成有效协商制定规则的平台，既有规范原则使各方通过这一模式参与治理，各方也通过此形式促进网络规范的发展，保证了各类治理主体既能按照此模式维护自身安全，又确保自身内部治理的规范性与合法性。形成共有认知是规范生成的重要基础，共有理念的增加能够增强各方相互信任，确保规范得到认真执行。现有各方意识形态与政治制度的差异会对共识的形成造成挑战，新技术的出现也是影响认知理念的重要变量。

从现有多利益攸关方模式的理论架构中，能够看出其有效借鉴了现实主义、自由主义和建构主义三大国际关系理论流派的精髓，既保证了各方能够从这一模式中获得实际利益，维护了各方自身网络空间安全，又尽可能使这一模式与全球网络空间体系的稳定发展相适应。

第二节　多利益攸关方模式与其他模式的比较

多利益攸关方在网络空间治理模式中居主导地位，但多边主义、机制复合体等方式也受到推崇。总体而言，没有哪一种网络空间治理模式能得到各方的一致认可，处于"碎片化"发展态势。比较各类模式，有助于厘清各自特质，为各方寻求相互认可且具备执行效力的治理模式奠定基础。

一　现有不同模式的特质

网络空间发展至今，专家学者总结出不同的治理模式。劳伦斯·索罗姆（Lawrence Solum）将互联网治理模式概括为自发秩序、跨国组织和国际组织、代码和网络架构、国家政府和法律、市场规制。罗尔夫·韦伯（Rolf Weber）将互联网治理模式概括为传统的政府监管、国际协议与合作、自我规制和技术架构四种。根据互联网发展进程中治理模式出现的先后顺序以及治理主体的不同，国内学者将互联网治理模式分为技术治理模式、自我规制模式、多利益攸关方治理模式和多边主义治理模式四种。① 由于技术治理模式与自我规制模式是互联网出现早期形成的治理模式，已不再适用于网络空间发展的现状，因而本书仅讨论多利益攸关方、多边主义以及约瑟夫·奈（Joseph Nye）提出的"机制复合体"这三种治理模式。

多利益攸关方成为网络空间治理主流模式始于 2005 年的 WSIS "突尼斯进程"。在这次会议上，该模式被正式提出，政府、私营部门、民间社会、国际组织、学术界与科技界均是互联网治理的重要参与者。② 一方面，这一模式强调非国家行为体的作用。非政府国际组织对这一模式的推崇在互联网发展进程中得到突出体现，互联网的特殊属性决定了早期参与互联网治理以及掌握互联网核心资源的是非政府国际组织以及具备极高威望的技术专家。早期技术人员对无政府主义有着深厚的执念，这在很大程度上也决定了互联网域名与根服务器等核心资源的管理一直掌握在 ICANN 等非政府国际组织手中。ICANN、ISOC 等非政府国际组织明确以多利益攸关方作为互联网治理原则，这也促使其他国际组织在规则与标准的建设中也推崇该模式，因而非国家行为体的突出领导力是该模式的重要特征。多利益攸关方模式涉及代表商业部门和公民社会的国家和非国家行为体，仅靠政府无法成功地管理网络空间，因而互联网科技企业、网络用户和民间组织等其他参与者也应参与到治理之中。另一方面，多利益攸关方模式也在推动各方的平等地位。该模式强调非国家行为体的作用，但并不意味着不允许主权国家的参与，而是认为主权国家应与其他行为体具备同等的地位，强调参与各方均具备责任与义务，认可各方都具有重要的协商地位。利益攸关方所涵盖的范围广泛，各类非国家行为体，包括国际组织、私营机构、行业协会，乃至相关技术和专业人士均能够在这一模式的指导下与政府共同协商对话。因此该模式突

① 郑文明：《互联网治理模式的中国选择》，《中国社会科学报》2017 年 8 月 17 日第 3 版。
② 参见 UN and ITU，"Tunis Agenda For The Information Society WSIS-05/TUNIS/DOC/6（Rev.1）-E"，WSIS Geneva 2003-Tunis 2005，November 18，2005，http：//www.itu.int/net/wsis/docs2/tunis/off/6rev1.html。

破了传统现实主义理论架构下政府是参与对外事务主体的束缚。多利益攸关方模式定义了互联网生态系统的核心，反映了政府、私营部门组织、民间社会和技术社群之间开展公开对话的承诺，以促进互联网的发展并制定支持和保护互联网的政策。① 多利益攸关方模式如果得到彻底应用，其优势在于所有相关行为体都可以在平等的基础上参与和听取意见，参与到相关议题的讨论之中。②

与多利益攸关方模式相对的则是以政府为核心的"多边主义"（Multilateralism）模式，也被称为政府主导的"互联网共治"模式或国家主导模式，即一国一票的共同治理模式。③ 伴随第二次世界大战后大量国际机制的形成，多边主义成为各国讨论国际议题的重要方式。多边主义可以被定义为通过临时安排或通过机构协调三个或三个以上国家、集团国家政策的方式。自第二次世界大战结束以来，多边主义在世界政治中变得愈发重要，这体现为各种各样主题的多国会议的激增以及多边政府间国际组织数量的增长。④ 多边主义模式注重国家主权，这一模式由中国、俄罗斯和印度等国主导，得到许多新兴市场国家和发展中经济体的支持，即支持一种将政策和权力置于民族国家手中的多边体系。⑤ 该模式推动在联合国体系内建立一个负责任的互联网治理机构，同时也赋予各国最终主权以制定自己的国家政策。⑥ 在多边主义中，谈判的结果一般包括一套指示国际机构执行协定，加上提供执行协议所需资源的资金筹集机制，

---

① Cathy Handley, "Multistakeholder Vs. Multilateral – WSIS + 10 Consultations at IGF", ARIN Vault, November 17, 2015, https: //teamarin. net/2015/11/17/multistakeholder-vs-multilateral-wsis-10-consultations-at-igf/.

② Anja Mihr, "Good Cyber Governance：The Human Rights and Multi-Stakeholder Approach", *Georgetown Journal of International Affairs*, International Engagement on Cyber IV, 2014, p. 29.

③ 方滨兴主编：《论网络空间主权》，科学出版社 2017 年版，第 155 页。

④ Robert O. Keohane, "Multilateralism：An Agenda for Research", *International Journal*, Vol. 45, No. 4, 1990, p. 731.

⑤ Sarah Myers West, "Globalizing Internet Governance：Negotiating Cyberspace Agreements in The Post-Snowden Era", 2014 TPRC Conference Paper, https: //papers. ssrn. com/sol3/papers. cfm? abstract_id = 2418762.

⑥ Sarah Myers West, "Globalizing Internet Governance：Negotiating Cyberspace Agreements in the Post-Snowden Era", 2014 TPRC Conference Paper, https: //papers. ssrn. com/sol3/papers. cfm? abstract_id = 2418762.

或各国政府承诺采取独立行动的承诺从而实施。①

在一些国际组织管理内部，多边主义模式在 ICANN 等国际组织改革中开始展现出来，巴西、印度等提出了不同的 ICANN 机制改革方案，程度不一地提出主权国家与政府间国际组织等官方性机构应当在 ICANN 治理中发挥重要作用。② 在多边主义中，只有政府才能投票，指定代表出席正式会议，并向大会提交提案。③ 一个与国家互联网主权密切相关的讨论是关于网络秩序。各国主张采取更强有力的多边方式，而不是多方利益攸关方模式来维护网络空间的秩序。随着互联网及数字技术在国家经济和政治活动中的地位中愈发重要，政府对网络空间治理愈发重视，并主张加强多边监督。2016 年中俄两国发表关于协作推进信息网络空间发展联合声明，支持建立联合国发挥重要作用的多边网络治理体系。从多利益攸关方到多边主义的转变，是对西方技术界、民间社会、产业界和政策制定者所推崇的互联网管理方式的一次重大变革。④

因此，多边主义模式核心在于强调主权国家的主导作用，这一模式的基本出发点在于主权国家不仅是网络空间治理的合法参与者，也应具备领导地位。网络空间作为根植于信息科技水平发展而来的虚拟人造空间，各国的技术水平很大程度上决定了模式的选择。发展中国家的科技水平相对落后，更希望借助政府统筹各方资源，争取在网络空间占据优势地位。而美国等西方国家凭借技术优势，希望维持现有非国家行为体主导网络空间核心资源的治理现状，力图避免新兴市场国家的插手而影响自身对网络空间的绝对控制。

---

① Harris Gleckman, "Multi-stakeholder Governance Seeks to Dislodge Multilateralism", Policy Innovations, No. 15, 2013, http://www. civicus. org/images/A% 20critical% 20assessment% 20of% 20the% 20World% 20Economic% 20Forums. pdf.

② 关于各方对 ICANN 改革方案，参见沈逸《全球网络空间治理原则之争与中国的战略选择》，《外交评论》（外交学院学报）2015 年第 2 期。

③ Harris Gleckman, "Multi-Stakeholder Governance Seeks to Dislodge Multilateralism", Policy Innovations, No. 15, 2013, http://www. civicus. org/images/A% 20critical% 20assessment% 20of% 20the% 20World% 20Economic% 20Forums. pdf.

④ Laura Denardis, Gordon Goldstein and David A. Gross, "The Rising Geopolitics of Internet Governance Cyber Sovereignty V. Distributed Governance", Working Paper in School of International and Public Affairs, Columbia University, November 30, 2016, https://sipa. columbia. edu/sites/default/files/The% 20Rising% 20Geopolitics_2016. pdf.

多利益攸关方与多边主义模式争议的焦点主要在于政府的角色，多利益攸关方模式强调治理主体的多样性，认为互联网传播的全球性和去中心化特征已使政府失去了传统治理理论中的中心主导地位，互联网治理只能由政府、私营部门、民间团体和国际组织共同参与才能实现；各利益攸关方以自下而上、协商与合作的方式，平等参与互联网的技术和公共政策的制定，各司其职；同时强调各国政府均应平等发挥作用并履行职责。[1] 而多边主义模式坚持传统的政府间协商合作机制，主权国家间的协商与合作保证了治理属性的官方性。依赖于多边主义下的政府间国际组织，参与方属性的统一性也保证了协商结果具备较强的约束力，多边主义模式的兴起使网络空间治理的分化态势更为明显。

二 主要国家及国际组织的态度

西方发达国家及其所组成的国际组织普遍支持多利益攸关方模式，美国、英国、加拿大、澳大利亚等国都是该模式的坚定支持者。[2] 美国作为这一模式的创设者历来在本国网络空间战略等一系列官方性文件中明确表示支持此模式。美国互联网治理目标与优选事项之一便是促进该模式的发展，增进全球利益攸关方能够参与讨论之中。[3] 美国推崇该模式的很大用意在于其适应了美国政治、经济、社会体系的发展，能够维护美国有效发挥领导作用。而在自身建设方面，技术领先保证了美国充分参与到相关非政府国际组织与私营机构。特朗普政府发布的《国家网络战略》明确指出："多利益攸关方模式的特点是透明、自下而上、共识驱动的流程，使政府、私营部门、民间社会、学术界和技术界能够平等参与，该模式优于国家中心治理模式。"[4] 与美国相似，欧盟的网络空间治理也遵循该模式，认为其是治理网络世界的有效方式，但也很清楚公共部门在为所有利益攸关方活动提供规范和法律框架方面可以发挥重要作用。换言之，

---

① 郑文明：《互联网治理模式的中国选择》，《中国社会科学报》2017 年 8 月 17 日第 3 版。

② 郑文明：《互联网治理模式的中国选择》，《中国社会科学报》2017 年 8 月 17 日第 3 版。

③ Office of the Coordinator for Cyber Issues (S/CCI), "Internet Governance", United States Department of State, August 2015, https：//2009 - 2017. state. gov/documents/organization/255010. pdf.

④ "National Cyber Strategy of United States of America", The White House, September 2018, https：//www. whitehouse. gov/wp-content/uploads/2018/09/National-Cyber-Strategy. pdf.

欧盟在多利益攸关方框架内支持一种特定类型的公私合作伙伴关系（pub-lic-private partnership），其中公共部门应在与相关利益攸关方协商下决定适当的治理和监管模式。私营部门也在互联网日常管理中发挥着重要作用。①

印度的观点则经历了从多边主义到多利益攸关方模式的转变。印度长期以来一直主张采用多边主义方式进行互联网治理，将联合国，特别是ITU视为关键机构。2011年9月，印度与巴西和南非探讨，在联合国框架内，共同推动建立一个新的全球性机构来协调互联网政策，并向联合国提交了一份关于成立互联网政策委员会（UN-CIRP）的提案。② 此后印度的观点发生改变，在2015年宣布支持多利益攸关方模式，并鼓励俄罗斯和中国等金砖国家成员支持此模式。③ 不过在2016年ICANN权限转移之前，印度提出的颠覆性改革方案是ICANN对互联网核心资源的管理权限应当转移给ITU，遭到美国的强烈反对，④ 这也体现出印度观点的反复性。

巴西近年来日益重视网络空间治理，以多利益攸关方治理模式作为网络治理核心，力推网络空间与网络安全治理呈现多部门共同参与的态势。巴西在相关网络安全战略中对各类国家机构参与网络空间治理中的作用进行了明确界定，并规定了企业、大学及研究机构、社团等社会各界参与制定网络安全政策的机制。⑤

俄罗斯一直支持多边主义模式，反对美国所主导的网络空间国际秩

---

① George Christou，"The EU's Approach to Cyber Security"，*EU-China Security Cooperation*：*Performance and Prospects*，Policy Paper Series，Autumn/Winter 2014，https：//pdfs. semanticschol-ar. org/4f1e/d6b053c7c8d0a882277515b2ce393a7a19fe. pdf；"European Principles and Guidelines for Internet Resilience and Stability"，European Commission，March 2011，http：//ec. europa. eu/dan-mark/documents/alle_emner/videnskabelig/110401_rapport_cyberangreb_en. pdf.

② 参见Scott J. Shackelford et al.，"iGovernance：The Future of Multi-Stakeholder Internet Gov-ernance in the Wake of the Apple Encryption Saga"，*North Carolina Journal of International Law and Commercial Regulation*，2017（Forthcoming），Kelley School of Business Research Paper，No. 16 – 74。

③ Sameer Patil，"Can India Take the Pole Position in Global Cyber Governance？" Quartz India，August 30，2018，https：//qz. com/india/1374396/can-india-take-the-lead-in-global-cyber-governance-against-attacks/.

④ 参见沈逸《全球网络空间治理原则之争与中国的战略选择》，《外交评论》（外交学院学报）2015年第2期。

⑤ 参见"Brazil：Cyber-security Strategy"，Article 19，May 11，2016，https：//www. article19. org/resources/brazil-cyber-security-strategy/；何露杨《互联网治理：巴西的角色与中巴合作》，《拉丁美洲研究》2015年第6期。

序，力图通过联合其他新兴市场国家加强政府对网络治理的主导作用，追求主权原则为核心的信息安全。在各类国际平台，俄罗斯与西方国家在治理理念和模式上的冲突与分野也一直最为突出。这在 UNGGE 和 ITU 等国际机构中得到明显体现。俄罗斯还通过上海合作组织、独立国家联合体（Commonwealth of Independent States，CIS）和集体安全条约组织（Collective Security Treaty Organization，CSTO）等区域机制与其邻国就"信息安全""信息主权"的概念达成共识。① 俄罗斯希望构建的规范意在强调政府对信息的强有力控制，而美国则将其视为对政治稳定的威胁。俄罗斯的外交政策在于保障国际信息安全，根据《俄罗斯政府在 2020 年之前的国际信息安全政策框架》（*Frameworks of Russia's Government Policies in Regard to International Information Security Until 2020*），俄罗斯主要在联合国体系下推动其政策。②

中国对网络空间治理模式的态度并非简单的选边站，而是提出了多利益攸关方和多边主义相融合的模式，在不排除各类非国家行为体的前提下，认为政府应在治理中发挥主导作用。习近平主席在第二届世界互联网大会上的重要讲话清晰表明中国关于网络空间国际治理体系的观点：在相互尊重、相互信任的基础上，加强对话合作，推动互联网全球治理体系变革，共同构建和平、安全、开放、合作的网络空间，建立多边、民主、透明的全球互联网治理体系。③ 中国认为国际网络空间治理，应该坚持多边参与、多方参与，由大家商量着办，发挥政府、国际组织、互联网企业、技术社群、民间机构、公民个人等各个主体作用，不搞单边主义，不搞一方主导或由几方凑在一起说了算。此外，在 2017 年发布的《网络空间国际合作战略》中，中国提出网络空间共治原则。在坚持多边参与和多方参与的过程中，推动各方发挥与自身角色相匹配的作用，政

---

① 参见 Scott J. Shackelford，et al.，"iGovernance：The Future of Multi-Stakeholder Internet Governance in the Wake of the Apple Encryption Saga"。

② Pasha Sharikov，"Understanding the Russian Approach to Information Security"，European Leadership Network，January 16，2018，https：//www. europeanleadershipnetwork. org/commentary/understanding-the-russian-approach-to-information-security/.

③ 习近平：《在第二届世界互联网大会开幕式上的讲话》，《人民日报》2015 年 12 月 17 日第 2 版。

府应在互联网治理特别是公共政策和安全中发挥关键主导作用。中国主
张通过国际社会平等参与和共同决策，构建多边、民主、透明的全球互
联网治理体系，各国应享有平等参与互联网治理的权利。[①] 中国在《关于
全球治理变革和建设的中国方案》中也强调"各方应坚持多边主义，坚
守公平正义，统筹发展和安全，深化对话合作，完善全球数字治理体系，
构建网络空间命运共同体"。[②] 中国所倾向的网络空间治理模式是一种复
合形态的多边与多方共融模式，在这模式下政府在重要领域应当发挥主
导效用，从而保证网络空间的总体安全，这摆脱了各国拘泥于模式之争
的讨论，能够更为有效地推动网络空间国际体系的健康发展。

因此，多利益攸关方模式很大程度上在各类治理机制中得到普遍应
用，但围绕技术的演进以及各方认知的差异，这一模式也需要适时进行
调整。

三 网络空间治理模式的未来走向

除了多利益攸关方和多边主义模式之争，西方学者提出的新兴网络
治理模式或许是未来网络空间治理的可行方向。约瑟夫·奈认为，网络
空间治理既不会出现单一的治理机制，也不会在多利益攸关方和国家主
导模式之间简单地二选一，而更可能是由各个子议题各自发展，并且相
互松散耦合，构成网络空间治理的机制复合体模式。[③] 机制复合体是松散
耦合的机制体系。在一系列正式的制度化过程中，机制复合体是介于单
一法律规范与细碎繁多规则的中间环节。虽然网络空间治理没有单一的
制度，但有一套松散耦合的规范，其位于一个通过等级制度进行监管的
综合制度和一个没有可识别核心和无联系分散的实践及制度之间。[④]

机制复合体理论认为，未来即在可预见的时间内不太可能出现某个

①　《网络空间国际合作战略》，《人民日报》2017 年 3 月 2 日第 17 版。

②　《关于全球治理变革和建设的中国方案》，中华人民共和国外交部，2023 年 9 月 13 日，
https：//www. fmprc. gov. cn/web/ziliao_674904/tytj_674911/zcwj_674915/202309/t20230913_111420
09. shtml。

③　鲁传颖：《网络空间治理与多利益攸关方理论》，时事出版社 2016 年版，第 77 页。

④　Joseph S. Nye，Jr.，"The Regime Complex for Managing Global Cyber Activities"，Paper Se-
ries：No. 1，May 2014，https：//www. cigionline. org/sites/default/files/gcig_paper_no1. pdf.

网络空间单一的总体性机制。当前,大量的碎片化机制仍然存在,并且很可能会持续下去。当前网络治理机制复合体介于一个单一且一致性的法律框架以及一个完全碎片化的规范性框架之间。在很大程度上,它将继续发生演变。不同的子议题领域可能以不同的速度发展,有些会进步,有些会退步,或是在深度方面,也可能是在宽度和履约度方面。①　不同于全球性协议,理念相近的国家可能会一起采取行动,避免破坏网络空间稳定的行为,并在之后通过正式谈判或者发展援助等手段将这种行为推广到更多行为体中去。无论结果如何,都应避免过于简单普遍地将该框架描述为 ITU 和 ICANN 之间的"战争"二分法去分析。相反,在机制理论(regime theories)和机制复合体(regime complex)概念指导下或许有助于更好地审视并解决复杂体系中出现的各项问题。②

随着各国数字技术的发展和治理能力的不断变化,网络空间治理模式也将会继续演进。伴随网络新兴国家数字技术与互联网治理能力的提升,数字资源的分配正进行深刻调整。因而传统多利益攸关方模式也需要适时修正,以适应国际治理体系的演进。中国提出的多边主义与多利益攸关方融合的新型模式应是全球网络空间治理模式的可行发展路径。这一路径与约瑟夫·奈提出的网络空间机制复合体在一定程度上有着异曲同工之妙。

网络空间治理涵盖各类多角度、宽领域的子议题,不同的治理方向涉及不同利益攸关方。例如在打击网络犯罪法律建设上,政府与政府间国际组织具备执法职能与资源,因而在多边主义机制中发挥重要作用。而在网络技术标准制定方面,非政府国际组织、跨国公司、行业协会乃至技术人员等非国家行为体具备较多资源,主权国家所扮演的角色相对较弱,多利益攸关方模式或许更能适应这一领域的治理。因此,不同的治理领域主权国家和非国家行为体发挥的作用不同,治理模式的单一化将无法适应网络空间的快速发展。未来的网络空间治理模式存在两种维

---

① Joseph S. Nye, Jr., "The Regime Complex for Managing Global Cyber Activities", Paper Series: No. 1, May 2014, https://www.cigionline.org/sites/default/files/gcig_paper_no1.pdf.

② Joseph S. Nye, Jr., "The Regime Complex for Managing Global Cyber Activities", Paper Series: No. 1, May 2014, https://www.cigionline.org/sites/default/files/gcig_paper_no1.pdf.

度的发展路径。第一种，现有多利益攸关方需要对其内涵与外延进行重新界定。扩充现有多利益攸关方模式的宽度，增强自身的解释力，从而加强政府抑或主权国家在其中的作用。传统意义上多利益攸关方模式中的"各方平等发挥作用"应演变为"就治理议题领域的不同，各方根据自身功能的强弱进行适当调整"。这将使多利益攸关方模式摆脱既有狭窄的治理内涵，以获得更多新兴市场国家的支持。第二种，融合原有的多边主义与多利益攸关方模式，并借鉴机制复合体理论的观念，在联合国框架下协商讨论形成普遍性共识。新的治理机制可参考《网络空间国际合作战略》中的提法，把"共治原则（模式）"作为新的治理形式。①"共治原则（模式）"首先坚持基于各国平等的多边参与，其次坚持各类行为体（政府、国际组织、互联网企业、技术社群、民间机构、公民个人等）发挥主体作用的多方参与，强调联合国作为重要渠道应充分发挥统筹作用，这融合了多边主义与多利益攸关方模式的核心内涵。其对涉及国家安全的网络空间治理具体领域进行了明确界定，从而在事关国家安全的网络治理议题之中有效发挥政府作用。但也应当从规范层面对政府进行有效约束，防范行政力量的滥用，从而形成具体议题各方发挥不同效用的类"机制复合体"模式。上述两种发展方向在实质意义上并不存在明显差别，只是基于各方在协商讨论进程中，西方国家是否坚持多利益攸关方模式的称谓。但从长期来看，伴随中国等新兴市场国家数字技术与治理能力的不断提升，改革现有网络空间治理模式势在必行。

第三节　多利益攸关方模式对构建网络空间
国际规范的影响

多利益攸关方作为现阶段网络空间治理最普遍的治理模式，使构建网络空间国际规范基本也遵循该模式。多利益攸关方模式在网络空间国际规范制定进程中发挥了积极作用，但随着各个国家互联网发展水平的变化，这一模式也需要进行动态调整，从而促进国际规范建设的成熟。

---

① 《网络空间国际合作战略》，《人民日报》2017 年 3 月 2 日第 17 版。

一　多利益攸关方模式对网络空间宏观规则制定的效用

当前，美国等西方国家所支持的多利益攸关方模式的主要特质在于，一方面强调非国家行为体与主权国家平等的地位；另一方面注重网络空间治理自下而上的属性。该模式对制定网络空间宏观规则而言，过于强调非国家行为体的作用可能会对规则制定的效率及规则自身的执行力产生影响。

宏观规则的构建涉及各方针对网络空间属性、现实国际法在网络空间中的运用、网络空间和平与战争状态下的规则等方面的认知。网络空间不同于其他全球治理议题的特殊性在于非国家行为体在其中扮演重要角色。由于一些非政府国际组织乃至个人与技术社群凭借掌握一定的关键核心资源，使主权国家难以抛开非国家行为体借助传统多边主义模式开展规则制定。因而，多利益攸关方模式的出现适应了网络空间治理现状，主权国家与其他行为体的平等沟通交流保证了各方能够平稳推进规则制定进程，呈现出官方与非官方规则体系交织、地区与全球性规则建设同步推进的局面。该模式在政府间与非政府国际组织主导的国际机制中均得到应用，但非政府国际组织对这一模式更为推崇。联合国框架下的国际规则制定，从 UNGGE 到 OEWG，各国政府通过多边主义模式参与其中，但在联合国体系下的国际论坛 WSIS 与 IGF 中，多利益攸关方模式得到了充分应用。WSIS 与 IGF 已成为主权国家与国际组织、跨国公司、智库、私营机构等非国家行为体参与制定网络空间规则的重要平台。但现如今上述论坛更多成为收集各方观点的平台，决策与执法能力较弱，构建出一套各方都能接受的国际规则需要长期的协商对话。全球网络空间稳定委员会作为开展网络空间规则制定的非政府国际组织，其通过多利益攸关方模式聚集了少量主权国家与非国家行为体，但提出的规则仅具有倡议属性，尚未被其他国家尤其是网络大国所接受。在西方国家主导的功能性国际组织中，多利益攸关方模式也得到广泛应用，成为各组织成员构建可行性国际规则的重要方式。

因此，多利益攸关方模式在网络空间国际规则建设中得到了较为普遍应用。尤其是西方国家所主导的国际组织普遍将该模式应用到内部运作之中，其所拥有的网络核心资源以及自身治理能力的强大地位保证了多利益攸关方模式成为最具代表性的治理模式。但从联合国框架下各类国际机构在该领域的实践可以看出，多利益攸关方模式未能充分促进各国就国际规则制定取得较大突破，反而一定程度上使联合国在规则构建机制上出现碎片化倾向。这导致其他国家尤其是网络新兴大国对这一治理模式愈发感到不满，因而多利益攸关方模式也面临改革的压力。

二　多利益攸关方模式对构建网络空间技术标准进程的效用

相较于普遍性规则，多利益攸关方模式在标准建设中也发挥了重要作用，各方在模式上的分歧相对较少。不同于规则制定所涉及"高政治"议题的敏感性，标准建设所涉及的技术性问题更多由行业协会、非政府国际组织、私营机构、跨国公司、技术专家等非国家行为体所讨论。ISO、IETF、IEC 等非政府国际组织在构建网络空间标准中明确表示采用该模式。虽然 ISO 与 IEC 就利益攸关方概念提出了新的解读，但在实际意义上并没有改变此模式的本质。这一模式强调各方的平等地位以及自下而上的治理流程，在网络技术标准制定过程中得到深刻体现。相较于网络空间国际规则制定所面临的较多困境，凭借多利益攸关方良好的运作机制，技术标准建设呈现良性发展态势。伴随各类新技术的不断涌现，技术标准的及时跟进保证了网络空间的健康发展。互联网各类数字技术的发展使其对国家安全的影响稳步提升。新兴市场国家与发达国家之间理念的差异使其也在尝试在网络新技术发展的机遇期内构建符合自身利益的标准体系。数据的跨边界流动属性以及各国对全球数字产业链的深度依赖，各国对网络空间统一的技术标准建设依然具备强大的需求。同时，非国家行为体在标准制定上的强势也保证了多利益攸关方模式的长期主导地位。

三　多利益攸关方模式对建设可靠的网络生态系统的效用

网络生态系统（cyber ecosystem）概念最早出现于美国国土安全部发布的网络安全相关战略文件中。美国认为网络空间与自然生态系统一样，网络生态系统包括各种参与者——私营企业、非营利性组织、政府、公民个人、流程和网络设备（计算机、软件和通信技术），它们相互作用于多重目标。① 同时，ITU 框架下的网络安全生态系统（cybersecurity ecosystem）涵盖各类利益攸关方，涉及规则与技术标准建设。② 可以看出，网络生态系统概念是美国提出，初始是指美国国内网络空间治理体系中的一个目标理念。但在互联网快速发展背景下，伴随互联网等数字技术产业链的成熟，各国形成了完整的数字软硬件研发生产制造体系，成为全球化时代各国互联互通的生动写照。因而全球网络空间治理体系也使各类行为体难以相互脱离。可以说，网络生态系统的出现与中国提出的网络空间命运共同体存在互通互融之处，二者均离不开任何利益攸关方的参与。多利益攸关方作为应用最广、接受度最高的模式，各方需要对其进行适度改革与调整，从而有利于推动国际社会早日构建出一套公正合理的网络规范体系并形成高效成熟的建设机制。多利益攸关方模式在保证非国家行为体能够与主权国家平等对话的基础上，推动全球互联网乃至数字产业链和价值链的兴起。

第四节　小结

本章对多利益攸关方模式的理论内核、发展历程与特质进行了深入分析，并与多边主义模式进行了比较，分析汇总了各方对网络空间不同模式的态度。本章概括出多利益攸关方模式存在各方平等、共有的利益以及共有的规则共识三方面理论特质。

总体上，多利益攸关方模式在网络空间治理中得到了普遍应用，并受到大多数国家的认可。但俄罗斯、中国等新兴市场国家更倾向主权国家与联合国等政府间国际组织发挥更大作用，中国也提出了较为可行的新型路径。未来网络空间国际规范建设需要不同模式的融合与创新，从

① "Enabling Distributed Security in Cyberspace Building a Healthy and Resilient Cyber Ecosystem with Automated Collective Action", U. S. Department of Homeland Security, March 23, 2011, https：//www. dhs. gov/xlibrary/assets/nppd-cyber-ecosystem-white-paper-03 – 23 – 2011. pdf.

② 参见 "Enabling Distributed Security in Cyberspace Building a Healthy and Resilient Cyber Ecosystem with Automated Collective Action", U. S. Department of Homeland Security, March 23, 2011, https：//www. dhs. gov/xlibrary/assets/nppd-cyber-ecosystem-white-paper-03 – 23 – 2011. pdf。

而形成类似于"机制复合体"的新型"共治"模式,扩大各方的认同空间,推动网络空间普遍性国际规则与技术标准建设的成熟,以保证数字信息产业全球价值链与产业链的平稳发展。

第 四 章

政府间国际组织与网络空间
国际规范构建

　　政府间国际组织一般被定义为由两个以上国家组成的一种国家联盟
（union of states）或国家联合体（association of states），该联盟或联合体由
其成员国政府签订符合国际法的协议而成立，并且具有常设体系或一套
机构，其宗旨是依靠成员间的合作来谋求符合共同利益的目标。① 由于网
络空间愈发影响到"高政治"领域，网络空间国际规范建设离不开政府
间国际组织的参与。此类国际组织凭借自身官方权威属性，在很大程度
上主导规则建设，在技术标准领域也发挥了一定作用，成为各方参与构
建规范的权威平台。联合国是政府间国际组织的重要代表，其下属各类
机构已成为规范建设不可或缺的重要行为体，附设的国际论坛也已成为
各方开展规范协作的重要平台。

第一节　政府间国际组织参与构建网络
空间国际规范的原因

　　政府间国际组织凭借自身建立在主权国家之间的基础上，是国际法
的主体行为体，并具有国家间合作的职能，其所有权力的授予者是主权
国家。② 因而，在世界各方发展不平衡以及网络规范制定日趋成为西方守

---

　　① 参见饶戈平主编《国际组织法》，北京大学出版社 1996 年版，第 14 页；张贵洪编著
《国际组织与国际关系》，浙江大学出版社 2004 年版，第 14 页。
　　② 饶戈平主编：《国际组织法》，北京大学出版社 1996 年版，第 15—17 页。

成大国和网络新兴大国竞合博弈的重要领域的当下，政府间国际组织的重要性日益上升。

一　网络空间国际规范制定需要此类国际组织

从数字技术与互联网的发展历程来看，非政府国际组织在网络空间治理进程中发挥重要作用，这很大程度上归功于早期参与网络治理的专业技术人员所秉持的无政府主义思想。非政府国际组织的深度介入使其在早期掌握着互联网核心资源，并主导着早期互联网技术标准的制定权。非政府国际组织的上述优势地位很大程度上得到延续。

一方面，互联网发展初期，网络空间的功能相对单一，参与治理的行为体数量与类型较少，非政府国际组织所承担的规范治理工作一定程度上与当时的网络空间环境相适应，一系列所需规制的网络空间行为并未受到各方关注。此后，伴随互联网与其他议题的联系愈发紧密，规范的缺失导致网络空间的稳定态势难以得到保障，网络空间活动所承担的成本和风险大幅增加。同时，网络空间对国际事务的影响显著提升，各国认识到了通过具备主导性与权威性的政府间国际组织发挥领导地位的重要性。

另一方面，互联网等先进技术的不断演进在促进发展中国家数字技术与各相关行业发展的同时，传统非政府国际组织的非官方定位以及发达国家对其长期且深入的影响决定了其难以满足发展中国家参与网络空间治理中的利益与诉求。发展中国家普遍认为传统非政府国际组织深受西方国家影响，难以在网络规则与标准制定中做到完全公平并充分考虑发展中国家的利益。发展中国家自身技术相对落后，网络私营机构力量薄弱，这都使政府在技术发展与治理过程中承担较多责任与义务。

同时，中国、俄罗斯、印度、巴西等新兴网络大国凭借自身具备一定实力且与西方国家存在差异的网络治理理念，积极推动国际社会在机制变革中更多关注发展中国家的利益。网络空间国际规范的建立过程坚定地基于这样一种信念：外交共识可以塑造国家在网络空间中的行为。规范是一种强有力的工具，但其产生取决于跨国互动、道德解释和法律内化的历史。只有通过长期多管齐下，国家利益才能得到重构，国家身份才能得到重建。各国政府应更加重视通过规范约束自身在网络空间的行为和做法来建立一个习惯性的国际法机构。①

数字技术的发展使国际社会迫切需要在网络空间领域强化组织与制度建设。在应对国家参与国际事务管理过程中的功能不足，国际组织的出现给予了有效的功能替代。国际组织的兴起推动了国际规范的发展，借助政府间国际组织开展国际制度与国际规范建设也得到国际社会的重视，力图通过这种形式推进网络空间制度与规范建设。政府间国际组织在国际社会中占据主体地位，一直被视作国际立法的组织者和推动者、国际关系民主化建设的渠道、和平解决国际争端的机构和谈判场所、国际事务的管理者和组织协调者以及国际资源的分配者和管理者。② 因此，具备领导力的政府间国际组织开始关注、参与并主导规范建设。其中，联合国的重要性得到发展中国家的关注。中国支持联合国在全球数字治理和规则制定方面发挥主导作用，提出在联合国框架下制定各国普遍接受的网络空间国际规则和国家行为规范，发挥联合国在网络空间国际规则制定中的重要作用。③ 联合国涵盖绝大多数主权国家，具备主导网络空间国际规范治理进程的能力。

二　政府间国际组织具备的优势

网络空间国际规范建设离不开国际组织的参与，而政府间国际组织又是国际组织中极为重要的一类。此类组织中的各成员代表各国政府，这保证其所建立的各类国际机制具备权威属性。具体而言，此类组织在制定网络规范所具备的优势主要体现在以下三方面。

第一，达成规范的可执行力较高。从广义的国际组织职能而言，国际组织是由多边外交发展而来的更高级国际交往，具备稳定化、制度化的国际社会交往形式。政府间国际组织作为主权国家对外交往的重要渠

① Stefan Soesanto and Fosca D'Incau, "The UN GGE is Dead: Time to Fall Forward", European Council on Foreign Relations, August 15, 2017, https://www.ecfr.eu/article/commentary_time_to_fall_forward_on_cyber_governance#.

② 高晓雁编著：《当代国际组织与国际关系》，河北大学出版社2008年版，第37—39页。

③ 《网络空间国际合作战略》，《人民日报》2017年3月2日第17版；《关于全球治理变革和建设的中国方案》，中华人民共和国外交部，2023年9月13日，https://www.fmprc.gov.cn/web/ziliao_674904/tytj_674911/zcwj_674915/202309/t20230913_11142009.shtml。

道，协调各国的政治、经济、军事和文化等关系，在一定条件下具备直接形成某种国家性质的职能，如制定法律、修改规则、代表成员国与第三方谈判、延伸和扩展主权国家的权力和职能，以适应经济全球化的必然趋势。① 因而相较于非政府国际组织，联合国等政府间国际组织具备较为明显优势。联合国大会虽然实际上只是一个国际组织的代表机构，并不享有国内议会那样的立法权，但其决议对现代国际法的影响却是公认的。② 数字技术持续发展所引发传统主权边界的模糊对传统国际规范带来挑战，但基于政府间国际组织承担主权国家合作的职能，代表各成员国共有的利益，因而通过政府间国际组织所达成准则的可执行力与权威性较高。当前，网络安全成为各国国家安全战略的重要组成部分。具备官方属性的政府间国际组织在推动各国政府构建可行的规范方面具备较大优势，各个国家通过政府间国际组织直接就可行性规范进行商榷，提升规范建设的效率，使所达成一致性规范不再流于形式，具备较强的实践性。

第二，具备较强的可接受度与权威性。国际法律规范通过建立相互期望和规范国家行为的框架来指导行为。规范并非总是以通常与有文件证明的共识得以呈现，但一旦它们得到广泛接受和支持，就可以在国际法或政策框架下被制定。③ 政府间国际组织对其成员国行为的国际价值和行为规范进行规制，通过各种各样的国际规则、机制和制度安排，行为体的行为方式和关系模式便得到不断地规范和约束，从而对国际政治的无政府状态产生一定程度的抑制作用。④ 政府间国际组织的权威性与可接受性源自成员国认可通过这一国际组织，同意让渡部分国家主权。网络空间作为全球公域，各国借助政府间国际组织，在协商中形成共识，尽可能多地寻求彼此认知中的交集，这也是国际合作的重要前提。网络规范构建也是各类国际关系行为体协调自身利益的过程，各行为体也需在

---

① 高晓雁编著：《当代国际组织与国际关系》，河北大学出版社 2008 年版，第 23—24 页。

② 梁西：《国际组织法》，武汉大学出版社 1998 年版，第 18 页。

③ Maarten Van Horenbeeck ed. , "Cybersecurity Culture, Norms and Values Background Paper to the IGF Best Practices Forum on Cybersecurity", IGF, https://www. intgovforum. org/multilingual/system/files/filedepot/13/igf_2018_ - _bpf_on_cybersecurity_background_paper_ - _culture_norms_and_values_0. pdf.

④ 参见徐莹《当代国际政治中的非政府组织》，当代世界出版社 2006 年版，第 133 页。

一定限度内让渡自身利益。网络大国借助政府间国际组织参与网络规范制定中，一方面，网络大国凭借自身强大的技术优势以及先进的治理理念有效突出其在该领域的主导优势地位；另一方面，大国也希望凭借官方性与权威性较强的政府间国际组织推动其国内网络治理法规发展为国际规范。而对于广大的中小发展中国家而言，政府间国际组织也是其参与全球治理的重要平台，中小国家囿于自身总体实力限制，难以在网络空间治理领域发挥显著作用，因而其更希望能够借助此类国际组织提升自身影响力。此外，针对网络空间的特殊属性，技术决定论在治理过程中得到深刻体现。具备技术实力的国家在这一议题治理中掌握较大的话语权，而众多技术水平落后的发展中国家自身难以突破发达国家已构建的规范，因而积极参与政府间国际组织是突破这一困境的可行方式。

第三，有助于发展中国家发声。政府间国际组织最大的特质在于主权国家以官方形式参与其中，在很大程度上能够吸纳各方观点意见。当前，网络空间治理存在趋向马太效应的发展态势，即强者愈强，弱者愈弱。美国作为数字技术的发源地，本身就在网络空间治理领域占据优势地位，且美国、中国等传统与新兴数字大国，掌握先进技术，具备庞大的数字产业规模。这在某种程度上使中小国家在全球网络空间治理体系中被边缘化。尽管新加坡、新西兰、以色列等数字技术发达且治理经验丰富的小国在地区治理机制层面发挥一定作用，但更多经济欠发达的中小国家，尤其是广大的非洲国家在尚未完全引进数字技术的情况下，很大程度上面临脱离全球网络空间主流治理体系的风险，难以发出自身声音。此外，网络空间战略稳定愈发脆弱，大国竞争乃至冲突愈发激烈，以联合国为代表的政府间国际组织在维护网络空间国际秩序稳定发展上发挥着关键作用。

联合国等政府间国际组织为发展中国家提供了参与国际规范治理的国际平台，使发展中国家政府能够代表本国参与相关国际事务，提出代表本国利益的观点。更多中小发展中国家数字基础设施建设落后，治理经验匮乏，国内网络法规体系不完善。大多数发展中国家仍处于数字技术发展的初级阶段，本国互联网企业、行业协会等国内非官方行为体力量薄弱，因而在这些国家中政府及相关官方机构能够有力推动本国网络空间治理体系的成熟，具备代表本国参与网络空间国际治理的能力。发展中国家政府及官方机构在介入网络规范协商中能够吸收国际社会各方观点，内化国际规范与倡议，并提出自身利益诉求，得到其他国家的关注与重视。联合国作为覆盖范围最广的全球性政府间国际组织，达成网络空间国际规范的权威性较强，在保证网络规范公正的同时，在价值理念上尽可能做到平衡与兼顾。同时，各类区域层面的政府间国际组织也在自身工作框架下更好召集各国政府参与讨论，上述组织机构的官方属性保证了发展中国家在这一全球性议题上的充分参与。

第二节　联合国参与网络空间国际规范建设

联合国作为一个涉及主权国家数量最多、权威性极强、议题治理执行力度极高的政府间国际组织。历经 70 多年的发展，联合国已形成一套复杂的治理体系，下设各类从事各领域治理的专门性机构。在规范构建上，联合国各机构针对规则和标准均开展了一系列行动。从常设机构到多边论坛，形成了一套较为全面且完备的机制体系。总体而言，2024 年 9 月 22 日，联合国大会第 79/1 号决议通过《全球数字契约》，希望弥合所有数字鸿沟，加快在实现各项可持续发展目标方面取得进展；为所有人扩大数字经济的包容性和惠益；营造尊重、保护和促进人权的包容、开放、安全和可靠的数字空间；推进负责任、公平和可互操作的数据治理办法；加强人工智能国际治理，造福人类。[①] 虽然通过这一报告联合国指出会员国是该契约的发起者和领导者，但更强调多利益攸关方要在数字领域开展深层次合作，吸引更多非国家行为体参与到联合国成员国的协商之中。

从联合国具体机构来审视联合国网络空间国际规范建设，可以发现 UNGGE 和 OEWG 等机构积极构建规则，而 ITU 更多涉及标准建设。联合国还通过 WSIS 与 IGF 两个重要多边论坛召集各方就规则与标准制定开展密切讨论。相较于其他国际组织，联合国参与构建网络规范具备议题的全面性与具体规范建设的深入性，在机制建设上则以常设专门机构与多边论坛同步进行。总体而言，联合国作为权威性极高、具备全球影响力

---

① 参见《全球数字契约》，联合国，https：//www.un.org/zh/documents/treaty/A－RES－79－1－Annex－I；联合国大会：《79/1. 未来契约》，A/RES/79/1，2024 年 9 月 22 日。

的政府间国际组织，在构建宏观规则与技术标准方面发挥了其他国际组织难以替代的作用。表4－1是联合国框架内各类机构和论坛开展网络空间宏观规则与技术标准建设的机构汇总。

表4－1   **联合国框架内的网络空间国际规范建设架构**

网络规范 联合国体系	网络空间规则	网络空间标准
附属国际机构	大会（United Nations Assembly）	—
	信息安全政府专家组（UNGGE）	
	信息安全开放式工作组（OEWG）	
	网络犯罪政府专家组（UNIEG）	
	经济及社会理事会（ECOSOC）	
	裁军事务厅（UNODA）	
	人权理事会（UNHRC）	
	教科文组织（UNESCO）	
	开发计划署（UNDP）	
	贸易和发展会议（UNCTAD）	
	国际电信联盟（ITU）（侧重标准建设，偶有涉及规则制定）	
附属国际论坛	信息社会世界峰会（WSIS）	
	互联网治理论坛（IGF）	

资料来源：笔者自制。

一　机构设置涵盖宏观规则与技术标准

联合国设立专门机构从事网络空间国际规范制定，信息安全政府专家组（UNGGE）、信息安全开放式工作组（OEWG）与国际电信联盟（ITU）分别是开展规则与标准制定的专门机构。联合国其他机构譬如裁军事务厅、经济及社会理事会等机构也会针对自身工作所涉及的领域，部分参与规则建设。UNGGE 和 OEWG 作为专门从事制定互联网与信息通信技术规则的机构，为各成员国协商合作提供有效平台，其自身机制建设也在不断地演进与改革。而 ITU 凭借自身参与信息和通信技术产业标准制定的悠久历史，在这一领域的标准建设上一直发挥举足轻重的作用。

（一）从信息安全政府专家组到信息安全开放式工作组

在规则制定上，UNGGE 是重要的执行机构，目标是加强全球信息和电信系统的安全。① UNGGE 被广泛认为成功推动了全球网络安全议程的进展，并将国际法的适用性引入了网络空间中的国家行为。② 其构建网络空间及数字信息通信领域规范的初衷在于对负责任的国家行为进行自愿的非约束性规范，可降低国际和平、安全与稳定所面临的风险。③ UNGGE 关注议题主要是现有和新出现的威胁、国际法如何适用 ICT 使用、国家负责任行为的规范，规则和原则、建立信任措施（CBMs）以及能力建设。④ 通过与联合国大会紧密配合，UNGGE 努力推动成员国形成了包括《联合国宪章》在内的国际法适用于网络空间在内的共识，但各类具体行为规则的构建需要各方更深层次的协作。

UNGGE 成立至今已举行了 6 届会议，商讨电信领域在内的网络空间行为规则，2010 年、2013 年、2015 年和 2021 年形成共识性报告（见表 4 - 2）。

表 4 - 2　联合国信息安全政府专家组（UNGGE）与信息安全开放式工作组（OEWG）历次召集情况统计

时间段（年）	成员组	决议编号	报告编号	备注
2004—2005	政府专家组 15 个成员	A/RES/58/32	A/60/202	未达成共识
2009—2010	政府专家组 15 个成员	A/RES/60/45	A/65/201	达成共识
2012—2013	政府专家组 15 个成员	A/RES/66/24	A/68/98 *	达成共识

① Stefan Soesanto and Fosca D'Incau, "The UN GGE is dead: Time to fall forward", European Council on Foreign Relations, August 15, 2017, https: //www. ecfr. eu/article/commentary_time_to_fall_forward_on_cyber_governance#.

② Stefan Soesanto and Fosca D'Incau, "The UN GGE is dead: Time to fall forward", European Council on Foreign Relations, August 15, 2017, https: //www. ecfr. eu/article/commentary_time_to_fall_forward_on_cyber_governance#.

③ 联合国大会：《关于从国际安全的角度看信息和电信领域的发展政府专家组的报告》，A/70/174，2015 年 7 月 22 日。

④ "Developments in the Field of Information and Telecommunications in the Context of International Security", United Nations Office for Disarmament Affairs, https: //www. un. org/disarmament/ict-security/.

续表

时间段（年）	成员组	决议编号	报告编号	备注
2014—2015	政府专家组 20 个成员	A/RES/68/243	A/70/174	达成共识
2016—2017	政府专家组 25 个成员	A/RES/70/237	A/72/327	未达成共识
2019—2021	政府专家组 25 个成员	A/RES/73/266	A/76/135	达成共识
2019—2021	开放式工作组 所有成员	A/RES/73/27	A/AC. 290/ 2021/CRP. 2	达成共识
2021—2025	开放式工作组 所有成员	A/RES/75/240	A/77/275 A/78/265	—

资料来源：参见 "Fact Sheet Developments in the Field of Information and Telecommunications in The Context of International Security", United Nations Office for Disarmament Affairs, January 2019, https: //s3. amazonaws. com/unoda-web/wp-content/uploads/2019/01/Information-Security-Fact-Sheet-Jan2019. pdf; "OEWG 2021 – 2025 Organisational Session", OEWG, June 1, 2021, https: //dig. watch/event/oewg-2021 – 2025-organisational-session; 联合国大会《从国际安全角度促进网络空间负责任国家行为政府专家组的报告》, A/76/135, 2021 年 7 月 14 日; United Nations General Assembly, "Open-ended Working Group on Developments in the Field of Information and Telecommunications in the Context of International Security Final Substantive Report", A/AC. 290/2021/CRP. 2, March 10, 2021; 联合国大会《从国际安全角度看信息和电信领域的发展》, A/77/275, 2022 年 8 月 8 日; 联合国大会《从国际安全角度看信息和电信领域的发展》, A/78/265, 2023 年 8 月 1 日; 等等。

纵观 UNGGE 于 2010 年、2013 年、2015 年、2021 年所达成的四份共识报告（报告编号分别为：A/65/201、A/68/98、A/70/174、A/76/135），各方在认可 ICT 对全球发展发挥重要促进作用的同时，也深刻认识到维护信息与通信领域安全对各国的重要意义。上述报告关注以下内容：对规则和规范等相关概念进行界定，商议将现有基本国际法原则以及联合国宪章等国际社会普遍认可的规则应用于网络空间之中，并开展信任与能力建设，尝试建立可行的打击网络犯罪规则。

UNGGE 的设立扩大了联合国在构建网络空间规则中的影响力，促进了国际社会在普遍性规则制定的开展，但 2017 年共识的未能达成使 UNGGE 的发展面临较多阻碍。在 2017 年 6 月 UNGGE 第五届会议期间，成员国出现了根本性分歧，① 上述分歧最终导致新机构的出现。

2018 年 10 月，中国、俄罗斯等国提议 2019 年开始召集开放式工作组（OEWG），进一步制定国家负责任行为的规则、规范和原则及其实施方式，② 提出让私营部门、学术界和民间社会组织酌情参与，呼吁各国鼓励私营部门和民间社会发挥适当作用。③ 可见，成员国倾向主权国家发挥领导作用。美、日、英等西方国家也在联合国大会提出了决议草案设立一个新的政府专家组。④ 上述两份决议草案均认可 UNGGE 2013 年和 2015 年的报告，同意《联合国宪章》等国际法对网络空间的适用性。但对于私营部门在规则构建中的地位仍然存在细微差异，同时呼吁设立不同的工作组，体现了联合国规则建设的差异化趋势。

随后，联合国大会在 2019—2021 年设立了两个讨论信息通信技术安全问题的议程。通过第 73/27 号决议，设立 OEWG。⑤ 工作组由所有联合国会员国组成，没有任期限制。⑥ 当前，2021—2025 年联合国围绕信息通信技术安全和使用问题的规范制定工作主要由 OEWG 负责。⑦ 在 2019—2021 年第一任期和 2021—2025 年第二任期中，OEWG 于 2021 年 12 月、2022 年 4 月和 7 月举行了三届实质性会议，成员方围绕国际法对网络空

---

①　Stefan Soesanto and Fosca D'Incau, "The UN GGE is dead: Time to fall forward", European Council on Foreign Relations, August 15, 2017, https: //www. ecfr. eu/article/commentary_time_to_fall_forward_on_cyber_governance#.

②　联合国大会：《从国际安全角度看信息和电信领域的发展》，A/C. 1/73/L. 27/Rev. 1，2018 年 10 月 29 日。

③　联合国大会：《从国际安全角度看信息和电信领域的发展》，A/C. 1/73/L. 27/Rev. 1，2018 年 10 月 29 日。

④　Alex Grigsby, "The United Nations Doubles Its Workload on Cyber Norms, and Not Everyone is Pleased"；联合国大会：《从国际安全角度促进网络空间国家负责任行为》，A/C. 1/73/L. 37，2018 年 10 月 18 日。

⑤　联合国大会：《从国际安全角度看信息和电信领域的发展》，A/RES/73/27，2018 年 12 月 11 日。

⑥　"Fact Sheet Developments in the Field of Information and Telecommunications in the Context of International Security", United Nations Office for Disarmament Affairs, January 2019, https: //s3. amazonaws. com/unoda-web/wp-content/uploads/2019/01/Information-Security-Fact-Sheet-Jan2019. pdf.

⑦　"UN OEWG", *The Digital Watch*, https: //dig. watch/processes/un-gge.

间的适用性、现有威胁和潜在威胁、国际法、国家负责任行为原则与规则规范、建立信心措施、能力建设等内容进行讨论。① 在能力建设上，各方认为国际法相关的能力建设、在全球和区域两级采取合作和透明措施都很有必要。② 2021 年 3 月，OEWG 通过了实质性报告，针对信息安全现有及潜在威胁、负责任国家行为规范、国际法、建立信任措施以及能力建设进行了规制。③ 2021—2025 年第二阶段开放式工作组启动后，OEWG讨论了关于利益攸关方参与方式、尽职调查义务、关键基础设施保护、探索在联合国主持下建立定期开放式机构对话等议题。④ 在 2023 年 3 月召开的第四次实质性会议上，各方围绕应对勒索软件、尽职调查实用指南、澄清国际法公约的新公约、设立能力建设基金、确立网络发展目标、设立联大挤兑对话新机制等方面提出新的提议。⑤ 2023 年 7 月，OEWG 召开第五次实质性会议，随后发布 2021—2025 年信息和通信技术安全和使用问题不限成员名额工作组报告，围绕负责任国家行为的规则、规范和原则，该报告建议各国考虑：自愿调查本国执行负责任国家行为规则、规范和原则的情况，以及此方面的能力建设需要；自愿参与制定和利用

---

① Open-ended Working Group, "Second 'Pre-draft' of the Report of the OEWG on Developments in the Field of Information and Telecommunications in the Context of International Security", United Nations, Office of Disarmament Affairs, May 27, 2020, https：//front. un-arm. org/wp-content/uploads/2020/05/200527-oewg-ict-revised-pre-draft. pdf.

② 参见 "Draft Programme of Work of the Second Round of Informal Meetings", Open-ended Working Group, September 2, 2020, https：//front. un-arm. org/wp-content/uploads/2020/09/200902-draft-pow-second-round-of-informal-meetings. pdf; "Draft Programme of Work of the Third Round of Informal Meetings", Open-ended Working Group, October 26, 2020, https：//front. un-arm. org/wp-content/uploads/2020/10/201026-draft-pow-third-round-of-informal-meetings. pdf。

③ United Nations General Assembly, "Open-ended Working Group on Developments in the Field of Information and Telecommunications in the Context of International Security Final Substantive Report", A/AC. 290/2021/CRP. 2, March 10, 2021.

④ "UN OEWG and GGE", The GIP Digital Watch Observatory, https：//dig. watch/processes/un-gge; "UN OEWG 2021 – 2025 1st Substantive Session", The GIP Digital Watch Observatory, December 13, 2021, https：//dig. watch/event/un-oewg-2021 – 2025 – 1st-substantive-session; "UN OEWG 2021 –2025 2nd Substantive Session", The GIP Digital Watch Observatory, April 1, 2022, https：//dig. watch/event/un-oewg-2021 –2025-2nd-substantive-session.

⑤ "What's New with Cybersecurity Negotiations? OEWG 2021 – 2025 Fourth Substantive Session", DiploFoundation, March 23, 2023, https：//www. diplomacy. edu/blog/whats-new-with-cybersecurity-negotiations-oewg-2021 – 2025-fourth-substantive-session/.

关于规范实施的额外指导准则或清单，阐述并借鉴 OEWG 和 UNGGE 先前商定的结论和提出的建议。在之后第六次、第七次和第八次会议上，各国还将围绕保护关键基础设施、加强合作援助以确保供应链完整等议题进行重点讨论。① 随着 OEWG 逐渐取代 UNGGE 的工作，各方借助 OEWG 的协商对话还在持续推进。

因此，在上述两个机构的推动下，围绕安全领域的网络空间规则制定促进联合国在这一领域机制建设的进一步成熟，OEWG 逐渐成为各方形成共识的关键机制。上述机构的变化表明各方仍在探索一种长期且稳定的机制，未来相关机构仍存在调整的可能。

（二）网络犯罪政府专家组致力于构建打击网络犯罪规则

网络犯罪政府专家组是联合国从事协商制定打击网络犯罪规则的专门机构，2010 年联大第 65/230 号决议请联合国预防犯罪和刑事司法委员会设立一个不限成员名额的政府间专家组，对网络犯罪问题以及各会员国、国际社会和私营部门就此采取的对策进行全面研究，包括就国家立法、最佳做法、技术援助和国际合作交流信息。② 中国一直是这一专家组的积极倡导者，积极参与相关事务。UNIEG 从 2011 年到 2021 年共举行了 7 次会议，主要对全球网络犯罪发展趋势、特点、危害、当前国际应对的状况和局限等进行全面研究，提出包括制定综合性全球文书、国际示范条款、加强对发展中国家的技术援助等应对方案。③ 多年来，专家组注重实地调研，通过问卷调查等多元方式收集不同国家和地区在网络窃密、网络钓鱼、隐私泄露等与网络犯罪相关的数据信息，从历程来看，UNIEG 所开展的打击网络犯罪规则制定工作同样也面临 UNGGE 和 OEWG 遇到的问题，即中俄等新兴市场国家与美欧西方发达国家之间存在分歧，这也导致专家组在第二次会议后面临长期的停滞，随着网络犯罪问题对国际社会的影响日趋激烈，以美欧为主要成员的《布达佩斯公约》缔约

---

① 参见联合国大会《从国际安全角度看信息和电信领域的发展》，A/78/265，2023 年 8 月 1 日。

② 联合国毒品和犯罪问题办公室（UNDOC）：《网络犯罪综合研究草案》，纽约：联合国 2013 年版，第Ⅶ页。

③ 张鹏、王渊洁：《联合国网络犯罪政府专家组最新进展》，《信息安全与通信保密》2019 年第 5 期。

国有所让步，中俄等金砖国家成员进一步推进该专家组之后的工作进程。在 2021 年第七次专家组会议上，与会成员围绕立法和框架、刑事定罪、执法和调查、电子证据和刑事司法、国际合作、预防等多个议题形成结论并提出建议，并强调女性参与、公私伙伴关系以及儿童在线保护的重要性。① 历次专家组也强调不同利益攸关方的共同参与，希望就网络犯罪问题召集会员国、国际社会和私营部门共同研究讨论应对措施。可见，专家组为各方提供了一个围绕打击网络犯罪开展合作的专业平台，在规则构建中取得持续进展。

（三）国际电信联盟关注技术标准建设

伴随数字技术快速迭代，各类前沿技术正在对网络空间治理带来深远影响。作为联合国专门机构，ITU 在国际电信标准化发展以及网络安全问题方面发挥领导作用。② 关于机构设置，国际电信联盟电信标准化部门（ITU－T）是 ITU 开展标准制定的重要下属机构。历史上，制定通信产业相关领域标准是 ITU 的重要工作内容。电信行业与互联网的紧密联系主要在于早期需要通过固定电话线接入互联网。伴随 ICT 产业变迁，ITU－T 发布了一系列与宽带、多媒体网络以及域名（IP）地址等技术与安全层面有关标准，保证了互联网发展的平稳性与安全性。③

ITU－T 开展标准化制定依靠包括世界电信标准化全会（World Telecommunication Standardization Assembly，WTSA）、电信标准化顾问组（Telecommunication Standardization Advisory Group）、研究组等多个机构。④ 研究组是 ITU－T 工作的核心，2022—2024 年，ITU－T 下设 11 个研究组，涉及电信运营、循环经济、数字技术、电信安全、未来网络、物联网及智慧城市等多个层面。⑤ ITU－T 下属各研究组围绕自身研究领域开展相

① 参见联合国毒品和犯罪问题办公室（UNDOC）《2021 年 4 月 6 日至 8 日在维也纳举行的全面研究网络犯罪问题专家组会议的报告》，UNODC/CCPCJ/EG. 4/2021/2，2021 年 4 月 19 日。

② Marco Gercke, *Understanding Cybercrime：Phenomena，Challenges and Legal Response*, Geneva：International Telecommunication Union，2014，p. 126.

③ 参见瑞闻《漫谈国际电联标准化历史》，《人民邮电报》2015 年 7 月 1 日第 006 版。

④ "The Framework of ITU－T"，ITU，https：//www. itu. int/en/ITU－T/about/Pages/framework. aspx.

⑤ "ITU－T Study Groups（Study Period 2022－2024）"，ITU，https：//www. itu. int/en/ITU－T/studygroups/2022－2024/Pages/default. aspx.

关标准制定工作，通过发布各类"建议书"（Recommendation）的形式构建技术标准。ITU－T 推动一种以贡献为导向、以共识为基础的标准制定方式，所有国家和企业，无论大小，都享有平等权利影响标准建设。① ITU－T 召集来自各行业的工程、战略和政策专家，组织一系列研讨会和工作坊探索新的标准。② ITU－T 全会通过就该部门的一系列标准化议题工作的开展形成决议，发布相关标准。

ITU 也积极推进规则制定，《国际电信规则》（*International Telecommunication Regulations*，*ITRs*）是 ITU 构建电信及通信行业规则的重要文件。在 2012 年国际电信世界大会上，ITU 通过了新版《国际电信规则》，强调 WSIS 日内瓦和突尼斯两阶段会议的重要意义，对国际网络、国际电信业务、计费和结算等议题设立规则。③ ITU 推动各国国内网络犯罪立法，促进新兴市场国家政府评估本国网络犯罪与各类网络非法行为，提升成员国的治理能力。

综上所述，作为联合国附属机构，ITU 在构建网络标准上发挥了较大作用，ITU 的深度参与使网络空间标准化建设这一非政府国际组织一直发挥较大作用的治理议题体现出了更多官方特质。针对普遍性规则构建，ITU 凭借自身在电信领域的悠久发展历史，在电信规则制定上也有所涉足。

二　兼顾构建规则与标准的国际论坛

联合国凭借自身强大的影响力，设立与网络空间治理相关的国际论坛能够有效聚集各方参与到构建网络规范的讨论中来。信息社会世界峰会与互联网治理论坛是最具代表性的国际论坛，有效提升了联合国在规范建设中的领导地位。

（一）信息社会世界峰会吸引各方参与对话协商

在互联网治理早期，网络空间一词并未得到广泛使用，广义的数字

---

①　"ITU－T in Brief"，ITU，https：//www.itu.int/en/ITU－T/about/Pages/default.aspx.

②　"The Framework of ITU－T"，ITU，https：//www.itu.int/en/ITU－T/about/Pages/framework.aspx.

③　*Final Acts of the World Conference on International Telecommunications*（*WCIT－12*），Geneva：International Telecommunication Union，2013，pp.3－15，http：//handle.itu.int/11.1002/pub/8073d780-en.

技术或 ICT 涵盖了互联网，被国际社会更多提及。WSIS 是由联合国批准的 ICT 产业多边论坛，ITU 在 WSIS 组织方面发挥主导作用。2003 年 12 月，在瑞士日内瓦召开的首届信息社会世界峰会标志着各方开始就网络空间治理议题进行协商与博弈。第一届峰会首次以两阶段的方式举行，第一阶段峰会日内瓦会议通过了"日内瓦原则宣言"和"日内瓦行动计划"；突尼斯第二阶段峰会通过了"突尼斯承诺"和"突尼斯议程"，[①] 这为各方围绕行动规则的协商与合作奠定了基础。

　　网络空间基础性规则早在首届信息社会世界峰会期间就得到各方关注，与会成员就网络空间与信息技术对国际社会的影响在理念层面提出了规制原则。WSIS 认为围绕 ICT 的获取，所有国家均应采用普遍和非歧视性的原则，支持联合国将 ICT 的应用与维护国际稳定和安全的宗旨相符，避免给各国国内基础设施带来不利影响，保障各国信息安全。[②] 作为联合国委托 ITU 主管的国际论坛，WSIS 也是各利益攸关方参与 ICT 标准讨论的平台，日内瓦原则宣言强调标准化是信息社会重要组成部分之一，开放、相互操作、非歧视性和考虑用户和消费者需求是信息通信技术的发展和传播的基本要素，推动标准化发展。[③] 依托 ITU 强大领导地位，WSIS 为国际电信联盟、互联网协会（ISOC）、互联网工程任务组（IETF）、电气和电子工程师协会（IEEE）等参与 ICT 标准化建设的国际组织提供了广阔协商空间。WSIS 在为各方提供网络空间标准构建平台的同时强化了 ITU 的领导作用。

　　总体来看，WSIS 已成为网络规范协商的重要国际论坛，但面临的问题在于，其职能主要是对联合国各类机构就数字产业有关决议等文件进行梳理，提出各行业与网络空间产生联系的有关倡议，这类规则在法律

---

① Jovan Kurbalija, "The World Summit on Information Society and the Development of Internet Diplomacy", in Andrew F. Cooper, Brian Hocking and William Maley, eds., *Global Governance and Diplomacy: Worlds Apart?* New York: Palgrave Macmillan, 2008, p. 196.

② 《〈原则宣言〉建设信息社会：新千年的全球性挑战》，信息社会世界峰会会议文件，2003 年日内瓦—2005 年突尼斯，WSIS - 03/GENEVA/DOC/4 - C, 2003 年 12 月 12 日，第 5 页。

③ UN and ITU, "WSIS - 03/GENEVA/DOC/4 - E Declaration of Principles Building the Information Society: A Global Challenge in the New Millennium", World Summit on the Information Society Geneva 2003 - Tunis 2005, December 12, 2003, http://www.itu.int/net/wsis/docs/geneva/official/dop.html.

上并没有约束力，类似于联合国的一般声明。① 上述成果可被理解为规则的初始形式，未能形成各方普遍接受且拥有执行力规则架构，因而 WSIS 作为联合国框架内国际平台在功能上仍有提升的空间。

（二）互联网治理论坛的作用亟须加强

互联网治理论坛的设立是 WSIS 注重网络空间治理议题的体现，IGF 也成为具有全球重要影响力的多边治理论坛。2006 年 10 月，首届联合国互联网治理论坛在希腊雅典召开，其旨在通过讨论与互联网相关的公共政策问题，平等地将各个利益攸关方群体聚集在一起。② IGF 为各类国际机构提出可供各方参考的网络规则提供平等交流的平台，关注议题包括网络犯罪法规、网络中立原则、隐私保护等，③ 但这未能符合发展中国家期待，主要表现在以下两方面。

一方面，从治理的实践维度观察，截至 2023 年 10 月，IGF 已经举办了 18 届，尽管推动了各方在网络空间规则制定方面的努力，但由于各方对联合国赋予了较高期待，所取得的实际效果相对有限。IGF 积极推进普遍性国际规则的建立，并促进现实空间中的行为原则推广到网络空间。在其创设初始，各方尤其是发展中国家对 IGF 的期望较高，希望其能在一定程度上取代互联网名称与数字地址分配机构（ICANN）等非政府国际组织，取得互联网治理的主导权。但面对网络空间治理的复杂多变，互联网发达国家对自身创设的各类私营组织利益的维护，IGF 主导权并没有达到发展中国家所希望的高度。

另一方面，从 IGF 自身定位而言，其内部机制决定着其构建网络规则的开放性，这难以形成具有执行力与约束性的规则体系。IGF 使各方就关键的互联网问题分享信息和提供解决方案，允许各方在平等的基础上自由发言，没有与正式谈判结果有关的限制。IGF 虽仍可视作网络空间治理的基石，但它并不具备决策功能，只能推动各方围绕互联网相关议

① Jovan Kurbalija, "The World Summit on Information Society and the Development of Internet Diplomacy", in Andrew F. Cooper, Brian Hocking and William Maley, eds., *Global Governance and Diplomacy: Worlds Apart?* New York: Palgrave Macmillan, 2008, p. 196.

② "About the IGF", IGF, https://www.intgovforum.org/multilingual/tags/about.

③ UN and ITU, "Tunis Agenda for the Information Society", WSIS – 05/TUNIS/DOC/6（Rev. 1）– E, https://digitallibrary.un.org/record/565827?v = pdf.

题进行政策对话与沟通。IGF 的运作基于自下而上、透明和包容的原则，保证那些与互联网未来有利害关系的各方共同开发具有全球影响力的解决方案。① 但 IGF 提出的各类规则性文件更多具备倡议性质，决策性与执行力的缺失使该机制的效力大为减弱。2021 年 6 月举行的关于落实"多利益攸关方高级别机制"（Multistakeholder High-level Body）在线通气会，介绍了这一机制的雏形，意味着 IGF 有望走向机制化，但前景仍不明朗。② IGF 所取得相对有限的成就也从侧面反映出西方发达国家与新兴市场国家围绕网络治理竞争博弈的激烈与复杂。值得一提的是，ICANN 也积极借助 IGF 这一平台召集各利益攸关方探讨互联网开放性标准、域名等议题，深化全球数字生态系统建设。

三　多机构结合自身优势推进宏观规则的生成

在网络规则构建过程中，联合国围绕现有国际法适用于网络空间、信任与能力建设、国际合作等议题提出了相对完善的准则，这在联合国信息安全政府专家组既已形成的共识报告中得到充分体现。就其他领域的网络规则构建而言，联合国其他机构也结合自身优势积极参与。整体而言，联合国的网络空间国际规范建设呈现出多机构参与的特点。

首先，在网络安全规则制定上，各机构就网络关键基础设施保护与打击网络恶意活动开展规制工作。联合国裁军事务厅把制定 ICT 安全规则纳入裁军事务，其下属的联合国裁军研究所（United Nations Institute for Disarmament Research，UNIDIR）委派专家多次担任 UNGGE 顾问。联大第 56/121 号决议突出强调了联合国和其他组织在预防网络恶意活动方面所发挥的作用，③ 预防与和平解决网络空间恶意活动导致的国际冲突以及相关的国际合作也成为联合国裁军纲领中的行动计划。④ 2001 年以来，安

---

① "The Internet Governance Forum Best Practices Built by You", Internet Society, https://www.internetsociety.org/events/igf.

② 徐培喜：《解读联合国两份网络问题共识报告的五个视角》，《中国信息安全》2021 年第 9 期。

③ Marco Gercke, *Understanding Cybercrime：Phenomena，Challenges and Legal Response*, Geneva：International Telecommunication Union，2014，p. 122.

④ 参见 "Developments in the Field of Information and Telecommunications in the Context of International Security"，United Nations Office for Disarmament Affairs，https://www.un.org/disarmament/ict-security/。

理会通过第 1373（2001）号、第 1624（2005）号、第 2129（2013）号、第 2178（2014）号等决议，建立一系列打击网络恐怖主义的可行机制。[①]在制定打击网络犯罪规则层面，除了 UNIEG，2019 年 12 月，第 74 届联合国大会通过第 74/247 号决议《打击为犯罪目的使用信息通信技术》（*Countering the Use of Information and Communications Technologies for Criminal Purposes*），决定设立一个不限成员名额的特设政府间专家委员会，以拟订一项关于"打击为犯罪目的使用信息通信技术行为的全面国际公约"。[②]上述一系列举措都表明，联合国框架内的多个机构能够结合自身工作特质形成多样化网络安全规则体系。

其次，网络隐私保护也是相关机构所注重的议题。2013 年以来，联合国大会和人权理事会通过了多项关于数字时代隐私权的决议。联合国人权事务高级专员办事处按照联合国大会和人权理事会有关决议的要求，组织了专家协商会议并发布报告，探讨隐私权和其他人权在数字时代面临的挑战。[③]2020 年 12 月，联大通过最新关于数字时代隐私权的决议，在强调既往联合国法规重要意义的同时，强调指出需要弥合国家之间和各国内部数字鸿沟以及性别数字鸿沟，并利用 ICT 促进发展，促进人权的保障，以及在应对紧急情况时必须保护人权，包括隐私权以及个人数据。[④]2019 年 9 月，人权理事会通过了《数字时代的隐私权》决议，强调现有人权公约在数字时代依然适用，数字时代的通信保密对隐私保护十分重要，呼吁各国通过多种形式保护隐私权。[⑤]同时，联合国人权事务

---

① 参见 "Information and communications technologies（ICT）", Security Council Counter-terrorism Committee, https://www.un.org/sc/ctc/focus-areas/information-and-communication-technologies/。

② "Ad Hoc Committee to Elaborate a Comprehensive International Convention on Countering the Use of Information and Communications Technologies for Criminal Purposes", Office of Drugs and Crime, https://www.unodc.org/unodc/en/cybercrime/ad_hoc_committee/home；陈攀、王肃之：《科学构建全球性网络犯罪公约刑事实体规则》，《中国信息安全》2020 年第 9 期。

③ "International Standards Relating to Digital Privacy", United Nations Human Rights Office of the High Commissioner, https://www.ohchr.org/EN/Issues/DigitalAge/Pages/InternationalStandards-DigitalPrivacy.aspx.

④ 联合国大会：《2020 年 12 月 16 日大会决议［根据第三委员会的报告（A/75/478/Add.2，第 89 段）通过］75/176. 数字时代隐私权》，A/RES/75/176，2020 年 12 月 28 日。

⑤ 联合国人权理事会：《人权理事会 2019 年 9 月 26 日通过的决议 42/15. 数字时代的隐私权》，A/HRC/RES/42/15，2019 年 10 月 7 日。

高级专员办事处还发布《数字时代的隐私权（2021 年）》等多份报告。上述机构以决议和报告等多样化形式推进数字时代隐私保护规则建设，敦促成员国提升对这一问题的重视。

最后，聚焦数字前沿技术，联合国各机构试图结合自身专业领域制定可行规则。例如联合国教科文组织专注于人工智能所带来的基础性规则的构建，召集各方在道德层面建立基于国际合作且符合基本价值理念的人工智能设计原则。① 各方在信息社会世界峰会 2019—2022 年的年度论坛上围绕人工智能促进平等、人工智能与网络安全、人工智能的伦理以及机器学习与神经网络等问题展开讨论。② 联合国人权理事会在构建数字时代隐私保护条款的过程中则更重视人工智能所带来的隐私保护问题。

综上所述，就网络空间各项具体议题的规则制定，联合国多个机构共同参与，通过决议、声明、倡议等形式努力建立起相对全面的规则体系。但面对网络空间对于国家及个人安全与利益的深刻影响，以及技术的迅猛发展，普遍性规则的建立迫切需要各机构整合优势，建立高效协作机制，及时开展相关规则的构建。

四　标准建设注重跟进前沿技术

在网络空间标准领域，联合国各机构的议题设置较为全面，紧跟前沿技术开展标准化建设是其主要任务。ITU‑T 参与的标准化建设包括互联网连接、互联网经济与监管、分组网络、光纤接入网等相对传统标准

---

① "Principles for AI：Towards a Humanistic Approach？" UNESCO，March 4，2019，https：// www. unglobalpulse. org/event/principles-for-ai-towards-a-humanistic-approach‑2/.

② "WSIS Forum 2019 Outcome Document Information and Communication Technologies for Achieving the Sustainable Development Goals"，WSIS，June 13，2019，https：//www. itu. int/en/itu-wsis/Documents/Forum2019/DRAFT-WSISForum2019OutcomeDocument. pdf？CB = 4IZXMC；"Session 392—AI for Equality"，WSIS Forum 2020，July 22，2020，https：//www. itu. int/net4/wsis/forum/2020/A-genda/Session/392；"World Summit on the Information Society（WSIS）Forum 2021：Open Consultation Process Outcomes and Analysis"，WSIS Forum 2021，April 29，2021，https：//www. itu. int/net4/wsis/forum/2021/Files/ocp21/WF21_ OCP _ OutcomesAndAnalysis. pdf；"From the Lab to the Real World：Artificial Intelligence and the Decade Action"，WSIS Forum 2022，June 1，2022，https：// www. itu. int/net4/wsis/forum/2022/Agenda/Session/369.

化议题，也涉及物联网、云计算、大数据等新型互联网标准化领域。① 尤其是 5G、大数据、人工智能、区块链、物联网等新技术的出现深度影响未来信息社会的发展，成为 ITU 等各类联合国机构标准化建设议题。新技术的快速发展使相关标准法规面临较多空白，非法行为发生的可能性大为增加。而联合国相关机构凭借自身成员的广泛代表性，推动成员国尽快制定出相互认可的新技术标准，促进发展中国家国内标准法规建设，缩小与发达国家之间的差距。

具体而言，联合国在以下两个领域的标准化建设上表现突出。一方面，5G、6G 标准建设成为各方关注的焦点。ITU 积极主导 5G 标准制定，并开启 6G 等相关标准的探索。ITU 支持标准创新，推动 5G 网络在速度、智能和效益上的提升。在机制建设上，ITU - T 在 2017 年成立了"未来网络（包括 5G）—机器学习焦点组"（FG-ML5G），起草机器学习的技术报告和准则。② 该小组也关注后 5G 时代的通信标准建设，启动 6G 研究工作，③ 无线电通信部门（ITU - R）研究组于 2023 年 6 月达成 6G 框架草案，计划"不迟于 2030 年"完成最初的 6G 标准化过程。另一方面，人工智能技术标准建设也受到 ITU 持续关注。ITU 主导相关平台建设，"人工智能造福人类"（AI for Good）全球峰会是突出代表。ITU 一直强调人工智能标准化建设，为相关标准制定提供共同工具，促使各方参与人工智能应用程序开发。ITU "未来网络（包括 5G）—机器学习焦点组"（FG-ML5G）一直研究技术标准化如何支持机器学习等新兴议题。ITU 还和世界卫生组织（WHO）通过"人工智能健康领域焦点小组"（ITU Focus Group on AI for Health）机制开展工作，建立国际"人工智能健康领域"标准框架。④ 不同机构充分发挥自身特色，以丰富人工智能技术标准的深度和广度。

---

① 国际电信联盟电信标准化部门（ITU - T）：《世界电信标准化全会会议录》，突尼斯哈马马特：国际电信联盟 2018 年，第四部分，第 1—9 页。

② "Focus Group on Machine Learning for Future Networks Including 5G", ITU - T, https://www.itu.int/en/ITU - T/focusgroups/ml5g/Pages/default.aspx.

③ Phate Zhang, "International Telecommunication Union launches 6G research", CnTechPost, March 3, 2020, https://cntechpost.com/2020/03/03/itu-launches-6g-research/.

④ "Artificial Intelligence for Good", ITU, https://www.itu.int/zh/mediacentre/backgrounders/Pages/artificial-intelligence-for-good.aspx.

联合国框架下的各类机构尤其是 ITU 一直关注数字新技术所带来的标准化问题，既推进新技术引发的价值伦理规则建设，也及时弥补技术标准空白。数字技术对人类社会带来全方位影响，需要实时推进标准化建设。ITU 虽然是专门负责信息通信技术的国际组织，但也积极与涉及其他行业标准的相关专门机构沟通协调。联合国各附属机构涉及各领域治理议题，基于联合国架构下各附属机构与 ITU 的沟通也更为方便，有利于形成较为成熟的运作机制，进而填充新技术出现所造成的理念与标准的"真空"。在这一过程中，联合国"大一统"的架构优势得以体现。

五 利益攸关方概念与模式得到了深层应用

联合国各机构在官方文件中多次提及利益攸关方概念，利益攸关方与多利益攸关方模式在联合国参与网络规范制定中得到显著应用。

具体到下属不同机构中，联合国秘书长数字合作高级别小组（United Nations High-level Group on Secretary-General Digital Cooperation）在构建数字经济合作框架中更强调多利益攸关方的宽度，特别是攸关方也涉及发展中国家和传统上被边缘化的群体，如女性、青年、原住民、农村人口和老年人等。[①] UNGGE 2015 年报告则强调国家的主导作用，但也认为私营部门、学术界和民间社会的适当参与有利于国际合作。[②] UNGGE 2021年报告也提出通过借助包括多利益攸关方模式在内就 ICT 安全和能力建设开展合作。[③] OEWG 则在 2022 年 4 月明确提出采用 OEWG 主席所提议的利益攸关方模式，包括邀请非政府国际组织作为观察员参加其正式会议；经认可的利益攸关方可以在专门场合发言以及提交书面意见；成员国对非政府国际组织提出反对意见要表明理由等原则，OEWG 着重强调

---

① 联合国秘书长数字合作高级别小组：《相互依存的数字时代 联合国秘书长关于数字合作高级别小组的报告》，2019 年 6 月，https://www.un.org/sites/www.un.org/files/uploads/files/HLP_Digital_Cooperation_Report_Executive_Summary_zh.pdf.
② 联合国大会：《关于从国际安全的角度看信息和电信领域的发展政府专家组的报告》，A/70/174，2015 年 7 月 22 日。
③ 联合国大会：《从国际安全角度促进网络空间负责任国家行为政府专家组的报告》，A/76/135，2021 年 7 月 14 日。

自身作为政府间进程的属性，谈判和决策是成员国专属特权。① 因而相较于 UNGGE 从传统宏观视角应用多利益攸关方模式，OEWG 对该模式的应用更为具体，为非国家行为体制定了约束条款，弱化了非国家行为体的作用。在新兴技术标准制定中，ITU 一直强调非国家行为体参与的重要性。因此上述机构在关注各利益攸关方参与规范的协商与制定过程中也存在不同的侧重。

聚焦于国际论坛，早在 2003 年，首届信息社会世界峰会第一阶段日内瓦会议确定了多利益攸关方概念，② 认为互联网治理应是多边、透明和民主的，政府、私营部门、民间社会和国际组织应充分参与，以确保资源的公平分配以及互联网的稳定和安全运行。③ "突尼斯议程" 对多利益攸关方也有着明确表述，鼓励在国家、区域和国际社会推进多利益攸关方进程，就互联网的扩张进行讨论与合作，以此实现包括 "千年发展" 在内的目标。④ 因此 "突尼斯议程" 强调政府、国际组织、私营部门、学术界、个人等各方在构建网络空间国际规则均发挥作用，这是利益攸关方与多利益攸关方得到深入应用的重要表现。

虽然联大一开始举办信息社会世界峰会时就明确其官方属性，但 WSIS 一直是多利益攸关方模式与利益攸关方理念的倡导者与执行者，支持非国家行为体参与其中。WSIS 是国际社会第一次定义与实践多利益攸关方模式，该模式赋予了私营部门和公民社会参与互联网治理乃至网络空间治理的合法性和意义。⑤ 2021 年 WSIS 论坛亦把自身定义为向所有人

① "Annex Agreed Modalities for the Participation of Stakeholders in the Open-Ended Working Group on Security of and in the Use of Information and Communications Technologies 2021 – 2025 (OEWG)", Letter from OEWG Chair, April 22, 2022, https://documents.unoda.org/wp-content/uploads/2022/04/Letter-from-OEWG-Chair-22-April-2022.pdf.

② 郭良：《聚焦多利益相关方模式：以联合国互联网治理论坛为例》，《汕头大学学报》（人文社会科学版）2017 年第 9 期。

③ UN and ITU, "WSIS – 03/GENEVA/DOC/4 – E Declaration of Principles Building the Information Society: A Global Challenge in the New Millennium", World Summit on the Information Society Geneva 2003 – Tunis 2005, December 12, 2003, http://www.itu.int/net/wsis/docs/geneva/official/dop.html.

④ UN and ITU, "Tunis Agenda for the Information Society", WSIS – 05/TUNIS/DOC/6 (Rev.1) – E, https://digitallibrary.un.org/record/565827?v=pdf.

⑤ 鲁传颖：《网络空间治理与多利益攸关方理论》，时事出版社 2016 年版，第 139 页。

提供包容性的全球多利益攸关方平台，推进各方交流知识和信息、加强协作网络建设，各机构通过这一论坛分享最佳实践经验。① WSIS 多年来一直把这一模式看作增进各方协商对话的有效形式，在应用这一模式中也呈现自身特质。

IGF 在明确表示会按照多利益攸关方模式参与互联网治理的同时，更注重在类型上扩大利益攸关方的宽度。IGF 提出，在地域上所有利益攸关方应覆盖各个地区；在发展程度上，应涉及发达国家与发展中国家；在性别上，应涵盖男性和女性。② 联合国在 IGF 设立了多利益攸关方咨询小组（Multistakeholder Advisory Group，MAG），③ IGF 围绕多利益攸关方进程明确了两个不同立场。一方面，多利益攸关方倡导者一再强调将政府和政府间组织、学术界、私营和非营利部门的个人共同解决相关问题所带来的好处；另一方面，多利益攸关方模式的批评者指出 IGF 缺乏决策权。④ 这两种不同观点折射出该模式在 IGF 中仍存在进一步优化的空间。

综上所述，利益攸关方概念和多利益攸关方模式在联合国得到广泛应用，在规则与标准共识文件的制定中各方基本秉持上述理念，强调包括非国家行为体在内的各方均应在规范制定中发挥作用，不同机构、论坛对该模式的解释力也呈现出细微差异。

从联合国的案例研究可见，联合国凭借自身强大的影响力，所设立的专门常设机构与论坛能有效聚集各方参与到网络规范讨论中，尽管各类机构与多边论坛所发挥的作用存在差异，但总体上保证了联合国在规范制定中的权威地位。

---

① "Highlights and Outcomes"，WSIS Forum 2021，https：//www.itu.int/net4/wsis/forum/2021/Home/Outcomes.

② 郭良：《聚焦多利益相关方模式：以联合国互联网治理论坛为例》，《汕头大学学报》（人文社会科学版）2017 年第 9 期。

③ "About MAG"，Internet Governance Forum，https：//www.intgovforum.org/multilingual/content/about-mag.

④ Luca Belli，"From IGF to ITU：The Importance of Being a 'Stakeholder'"，Media Laws，February 22，2013，http：//www.medialaws.eu/from-igf-to-itu-the-importance-of-being-a-%E2%80%9Cstakeholder%E2%80%9D/.

第三节　政府间国际组织构建网络空间
国际规范的路径

数字技术的迭代发展使网络空间成为一个涉及众多行为体且内涵丰富的治理议题，在这一领域构建出可行的国际规范需要各方积极协作。以联合国为代表的政府间国际组织在推动网络空间国际规范的生成过程中付出了诸多努力。未来，政府间国际组织在进一步推进网络空间可行性国际规范生成的同时，需要侧重于召集各方应对既有规则建设面临的挑战，促使规则与标准建设良性发展。

一　凭借自身权威属性应对现有规范构建中的挑战

随着新兴市场国家数字技术的突飞猛进，构建网络空间规则所涉及攸关方的广泛性决定了以往专业化的非政府机构难以独自承担此项工作，在客观上需要联合国等政府间国际组织的参与。

其一，政府间国际组织的既有优势在于，其权威性、官方性以及成员国的广泛性使其具备制定国际规范的能力，所构建的国际准则也能得到绝大多数国家的认同。政府间国际组织在平台创新与融合、机制协调等方面发挥了重要作用，推动了各项规范的生成，有助于全球数字技术产业的均衡发展。联合国等政府间国际组织参与网络空间国际规范治理极大保证了各类行为体尤其是广大发展中国家积极发声。未来，面对各类前沿数字技术的迭代发展，虚拟空间与物理空间的加速融合，传统的网络空间也正在向数字空间加速演进，这都为新兴国家深入参与网络规范构建带来新的机遇。新兴国家长期推崇政府在网络空间治理中的重要作用，也强调带有官方色彩的国际组织在构建网络规范中的主导地位。元宇宙、人工智能和大数据时代的网络空间既不是初始阶段充满自由主义的乌托邦，也不再是非国家行为体主导的纯技术领域。相反，它已成为国家寻求行使主权、维护国家安全的重要场域。国家在网络空间的主权不仅是预期的，而且在某些情况下，它被视为唯一合适的权威来源。[①]
数字主权时代国家政府力量的提升进一步凸显政府间国际组织的关键
作用。

其二，政府间国际组织强化内部协作机制建设，进而提升其治理能
力，也是推进网络规则取得突破性进展的有效手段。一方面，全球性的
政府间国际组织之间提升协作机制建设的层级。联合国已与国际刑事警
察组织、经济合作与发展组织等围绕基础设施保护规则、电子商务法规
深化合作。[②] 另一方面，全球性的政府间国际组织与区域性的政府间组织
深化联合机制建设，共同推进区域网络规范向全球层面的"外溢"以及
全球性网络规范向区域层级"内化"。例如，东盟在构建域内网络规范的
同时多次表示支持 UNGGE 所形成的共识报告，同时也积极参与联合国网
络规范事务，借助联合国平台寻求自身域内网络规范向全球层面扩散。[③]
可见不同层级的政府间国际组织的机制化建设也是实现此类国际组织深
化参与网络规范治理的重要方式。

政府间国际组织在官方性、权威性、可执行力等方面具有其他类型
国际组织难以匹敌的优势，在网络空间这一跨行业治理议题中具备深刻
的实践价值。政府在参与制定国际准则中日益积极主动，各国通过政府
间国际组织开展协商讨论，产生一系列可行的准则产品，提升执行能力，
这都决定了以联合国为代表的政府间国际组织具备推进现有网络规则取
得突破性进展的能力。

[①]　Andrew N. Liaropoulos, "Cyberspace Governance and State Sovereignty", in George C. Bitros and Nicholas C. Kyriazis, eds., *Democracy and an Open-Economy World Order*, Cham: Springer, 2017, p. 32; Paul Cornish, "Governing Cyberspace through Constructive Ambiguity", *Survival: Global Politics and Strategy*, Vol. 57, No. 3, 2015, p. 160.

[②]　"The Protection of Critical Infrastructures Against Terrorist Attacks: Compendium of Good Practices", United Nations Office of Counter-terrorism, United States Security Council Counter-terrorism Committee, and INTERPOL, 2018, https://www. un. org/securitycouncil/ctc/sites/www. un. org. securitycouncil. ctc/files/files/documents/2021/Jan/compendium_of_good_practices_eng. pdf; OECD, *Active with the United Nations*, New York: Office of the Special Representative to the United Nations, 2017, p. 30.

[③]　"Regional Consultations Series of the Group of Governmental Experts on Advancing Responsible State Behaviour in Cyberspace in the Context of International Security", GGE, December 9 – 13, 2019, https://www. un. org/disarmament/wp-content/uploads/2019/12/collated-summaries-regional-gge-consultations-12 – 3 – 2019. pdf.

二　充分协调各国关系

西方发达国家一直深度影响着网络规范的生成与发展，但近年来随着中国、俄罗斯、印度、巴西等新兴市场国家不断提升核心技术水平，数字产业不断发展，在协商构建国际规范中的地位也逐渐上升。与此同时，亚洲、非洲等地区的广大发展中国家在网络空间领域的建设相对落后，依靠自身能力无法有效处理网络安全问题，因而联合国成为这些国家参与全球网络空间治理的主要平台。

首先，由于大国在感知威胁上有所不同，政府间国际组织需要积极有效地协调大国关系。美国等西方大国推崇的多利益攸关方模式则倾向于非国家行为体与主权国家发挥同等作用。中国、俄罗斯、巴西、印度等网络新兴大国一直推崇政府主导的多边治理模式。这促使政府间国际组织在协调大国关系上承担着重要责任，减少甚至消除大国在网络规范建构中的错误知觉，增进正向态势感知。

其次，政府间国际组织在协调大国关系中维护发展中国家与中小国家的利益。伴随数字技术对传统安全的影响愈发增大，网络规范议题涉及各国核心利益。很多发展中国家网络技术落后，政府也尚未形成较为成熟的网络治理经验。基于发展中国家所参与的国际组织较为有限，联合国等政府间国际组织成为这类国家有限参与网络规范治理的主要平台。网络空间治理议题从出现至今，西方发达国家凭借其技术垄断一直处于主导地位，力推制定符合其国家利益的规范框架。发展中国家则明显处于被动局面，话语权严重缺失，中小国家应尽可能地发挥自身力量参与其中，维护自身利益。政府间国际组织参与网络规范治理也有助于发展中国家国内相关法规建设。网络空间的跨国属性与技术特质决定了网络大国在这一议题治理领域占据主导优势，构建国际规范所遇到的主要矛盾也较多存在于大国之间，政府间国际组织官方权威属性决定了其具备为诸多发展中国家尤其是不发达的小国提供"搭便车"的能力，联合国等政府间国际组织的参与有效弥补了"搭便车"所带来的大国成本损失。借助官方属性的国际机制，网络大国与发展中国家具备广阔的互补空间，网络大国凭借自身在技术实力与治理经验等方面的优势，有利于推动资金与技术优势向发展中国家流动，促进发展中国家产业发展与能力建设。

通过政府间国际组织的协调，有利于维护中小国家的网络空间安全，使其自身利益很大程度上得到切实保障。

最后，政府间国际组织需要吸纳各国意见，增进共识。虽然在这一过程中联合国等政府间国际组织面临诸多挑战，但成员国对现有主流机制抱有沟通与协作的意愿。长久以来，国际社会针对网络空间治理模式存在不同观点。多利益攸关方能成为网络空间治理的主导模式，一方面是在互联网诞生初期，美国对互联网技术的垄断，对多利益攸关方的推崇是其成为主流模式的重要保证；另一方面，互联网出现早期，专业的技术社群掌握着互联网核心技术，并不认可政府对这一虚拟空间的管理，这逐渐衍生出某些非政府机构掌握互联网关键资源，这一过程也间接促进各方能够围绕互联网所涉及的各方核心利益进行商榷，排除了某一方完全控制网络空间的可能，间接推进了利益攸关方模式的出现。从 UNGGE 到 OEWG 可见国际社会的对话机制仍在演进创新，不同国家能够依据自身情况选择适当的对话机制，权威性的国际机制仍是各国参与网络规范治理的优先选择。因此，政府间国际组织的突出特质在于能够有效沟通联系各国政府等官方机构，所达成规范的权威性与合法性较高，更容易得到各国的接受。但联合国也需要平衡大国与小国、发达国家与发展中国家的矛盾，力推国际规则得到各方认可，避免过多达成空泛且执行力较弱的协议，徒增规范治理的成本。

因而，政府间国际组织在积极协调平衡大国关系的过程中，尤其是推进各方在治理模式与理念上扩大共识发挥了重要作用。从联合国的案例中可见其诸多努力虽然增加了网络规则生成的治理成本，但也在试图推动各方构建一种经得起实践检验的治理模式。对于各类政府间国际组织，协调成员国的关系对制定有效的网络规范极为重要。新兴国家出于自身是网络空间国际秩序的被动参与者，需要解决前沿数字技术的出现所引发的基础设施安全、网络犯罪、国际话语权缺失等问题。在发展过程中，许多新兴国家已经从信息产业革命中获益，正成为网络空间发展的坚定支持者甚至引领者。政府间国际组织需要充分考虑各方在网络空间议题中的认知，让各国共同受益受惠，以实际行动践行网络空间命运共同体等新理念，在助推成员国协作中探寻共识，化解分歧，推进新规范的生成，从而形成良性循环，① 以协调大国关系促进全球网络空间的战略稳定。

三　与非政府国际组织深化协作，弥合分歧

基于网络空间自身的特质与发展历史，非政府国际组织掌握更多核心资源，很大程度上也引领网络规范制定的走向。联合国等政府间国际组织作为参与网络空间治理的后来者，不同机构的共同参与取得了一系列成效，但尚未满足国际社会尤其是发展中国家的期待。联合国 WSIS 和 IGF 的出现使发展中国家看到了网络治理体系摆脱西方发达国家垄断的可能，但如今联合国仍需深入推进网络规范的形成。尽管官方属性的多边治理平台呈现多元化发展态势，但各国更多借助多边论坛交换观点，难以扩大共有认知的情况下也会削弱政府间国际组织在规范治理进程中对议题的领导力。国际社会如何提升现有主导政府间国际组织治理效力抑或建立新的官方机制，依然是一项长期任务。随着数字技术应用的日益深化，政府间与非政府国际组织的协作能够形成资源互补，机制的融合有利于增强治理机制的适用性，这对构建成熟的网络空间规范尤为关键。而深化政府间国际组织与非政府国际组织协作是推动构建成熟的网络空间规范的可行方式。

一方面，政府间国际组织与非政府国际组织的协作能够扩大所达成规范的适用范围。基于网络空间自身的特殊性以及独特的发展历程，非政府国际组织在技术标准建设方面优势明显，也得到美国等西方国家的普遍支持。ICANN 掌握着互联网域名及根服务器管理等关键资源，ISOC、GCSC 分别参与到标准与规则制定之中。虽然上述非政府国际组织所涉及的国家不及联合国广泛，但形成的影响力以及所达成准则的执行力不容小觑。非政府国际组织在制定网络规范过程中强调非国家行为体的参与，GCSC 所召集利益攸关方倾向于各类智库，私营机构更加强调维护个人与非国家行为体的利益，注重个体网络空间权利的维护。上述非政府机构成员与政府间国际组织成员的差异性意味着它们共同构建出的网络规范性文件所适用的范围得到了扩大。围绕网络规范治理的不

---

① 耿召：《新时期中国如何参与构建网络空间国际规则》，《人民论坛》2019 年第 21 期。

同方向，政府间国际组织与非政府国际组织建立协作机制，共同发布相关规范性文件，提升了所构建规范的代表性，有专业权威机构的参与，规范文件的合法性与权威性也大幅提升，关注到这些规范性文件的行为体也更加多元。

另一方面，政府间国际组织深化与非政府国际组织的合作能够缓解网络规范治理的"阵营化"趋势。根植于东西方理念模式的差异以及大国网络空间竞争的愈发激烈，政府间国际组织面临所形成的国际机制与国际制度能否被国际社会普遍接受的问题。政府间国际组织所制定的一系列网络空间规则与标准存在不被美国等西方发达国家认同的可能。美国或将进一步推进 ISOC、ICANN 等其所主导的非政府国际组织按照多利益攸关方模式构建网络规范，甚至完全借助北约等同盟体系或美欧贸易与技术委员会（TTC）等小多边团体构建排他性规范体系。因而，政府间国际组织主动与非政府国际组织深度协调，建立多元的协作机制，推动各方制定出具备一定弹性的协定，避免网络规范出现"阵营化"态势。同时，政府间国际组织切勿夸大自身的能力建设，理性看待网络空间治理的现实情况，非政府国际组织既有伴随互联网发展历程中的历史优势，也一直受到美国等西方主导大国的支持。因此政府间国际组织需要与非政府国际组织进行交流合作，形成合力。

政府间国际组织与非政府国际组织的协作既有助于所构建的网络规范满足各方期待，成为共同认可的准则，也有助于增强治理理念的解释力，提升治理模式的适用性。

第四节　小结

本章选取联合国作为案例，分析政府间国际组织在网络空间国际规范建设中的作用。联合国既有优势在于在自身组织架构基本涵盖各类治理议题，这充分保证了联合国框架下的各类机构能够有效地参与到构建国际规范中，推进网络空间在各个领域规范建设的有序开展。

从联合国已取得的成效而言，联合国的权威性与广泛代表性保证了各方对这一国际平台的认可。虽然 UNGGE 与 OEWG 的构建规则历程崎岖波折，但这也表明各方依然具备建立广泛认可规则的意愿。通过案例研究可见,政府间国际组织凭借自身突出的官方权威属性在网络规范构建中发挥了突出作用,尤其是在制定宏观规则中扮演引领性角色。

第五章

非政府国际组织与网络
空间国际规范构建

网络空间出现早期完全由技术社群所掌控，它们"无政府主义"的政治态度决定了早期由非政府国际组织与技术社群占据互联网核心资源，在规范建设上产生巨大影响力。伴随互联网发展，网络空间治理日益延伸至高政治领域，主权国家与政府间国际组织在其中扮演的角色日益重要，但非政府国际组织依然在网络规范构建尤其是标准制定中发挥着其他行为体难以替代的作用。本章通过选取全球网络空间稳定委员会、国际互联网协会、互联网工程任务组、国际标准化组织、国际电工委员会这几个非政府国际组织参与构建网络规范的现状进行深入分析，以厘清此类组织构建网络规范的效用。

第一节　全球网络空间稳定委员会：深度
参与普遍性规则建设

全球网络空间稳定委员会（GCSC）成立于 2017 年 2 月，是近年来新兴的专门从事构建网络空间规则的非政府国际组织。该机构的成立表明各类非国家行为体正试图通过自身努力创设新兴非政府性私营机构，构建可行的网络空间规则。

一　全球网络空间稳定委员会开展规则制定的举措
GCSC 是第一个致力于通过制定规范和政策以改善网络空间稳定性和

安全性的组织，① 也是由两个独立智库——海牙战略研究中心（the Hague Centre for Strategic Studies，HCSS）和东西方研究所（EastWest Institute，EWI）发起的一个专家组性质的非政府国际组织。

GCSC 推进从事与国际网络安全相关问题的各类网络空间社群的密切联系。通过发现将国际安全对话与网络空间创建新社群联系起来的方法，GCSC 有机会为支持与网络空间的安全与稳定有关的政策和规范的一致性方面作出突出贡献。② 荷兰政府、微软公司、新加坡政府、法国外交部、互联网协会等机构是其重要合作伙伴，GCSC 与利益攸关方团体的紧密联系有助于推广其所构建的规则。

GCSC 以"自下而上至自上而下"的方式开展规则制定工作。奉行"小处着手"（Start Small）、"敢于想象"（Think Big）、"快速行动"（Move Fast）的原则。③ 针对具体的规则制定内容，2017 年 11 月 GCSC 在新德里发布了第一条网络空间规则：保护互联网公共核心。GCSC 认为为了维护网络空间的稳定，需要促进全球互联网技术的完善，避免网络空间利益受到威胁。因而各方不干涉公共核心即在不损害其权利和义务的情况下，国家和非国家行为体不得进行或故意允许有意和严重损害互联网公共核心的一般可用性或完整性的活动，从而破坏网络空间的稳定性。④ 总体而言，公共核心所包含的主要是核心基础设施，GCSC 表示不排除未来扩大公共核心所涵盖的范围。此后，GCSC 在 2018 年 11 月发布了六项关于网络稳定的关键规则，涉及国家和非国家行为体不应该篡改开发和生产中的产品和服务；国家和非国家行为体不应该为其他人提供信息通信技术资源用作僵尸网络；各国应建立程序上的透明框架，以评估披露其脆弱性或缺陷；确保网络空间开发者和生产者产品或服务不存在重大漏

---

① Conrad Jarzebowski, "Launch of Global Commission on the Stability of Cyberspace", EastWest Institute, February 18, 2017, https：//www. eastwest. ngo/idea/launch-global-commission-stability-cyberspace.

② "The Commission", GCSC, https：//cyberstability. org/the-commission/.

③ 参见徐培喜《全球网络空间稳定委员会：一个国际平台的成立和一条国际规则的萌芽》，《信息安全与通信保密》2018 年第 2 期。

④ 参见 "Call to Protect the Public Core of the Internet", Global Commission on the Stability of Cyberspace, November 2017, https：//cyberstability. org/wp-content/uploads/2018/07/call-to-protect-the-public-core-of-the-internet. pdf.

洞；国家不应参与攻击性的网络行动等。① 此后 GCSC 又征求各方对上述规则的意见，② 进行部分修订，从而使其更加适应网络空间的实际发展。

同时，GCSC 也深度参与联合国信息安全政府专家组和开放式工作组的工作，2021 年 12 月，GCSC 发布网络空间稳定系列文件，涉及联合国信息安全政府专家组及开放式工作组的进展、非国家行为体在政策制定中的作用、联合国互联网治理论坛的发展、打击网络谣言、网络能力建设、发展中国家的数字化转型、数字不结盟运动、网络威慑等多个方面。③ GCSC 表示在这一系列文件发布后该组织的活动宣告结束。

总体来看，GCSC 这种由技术专家组成的非政府国际组织能够为官方机构提供切实可行的参考建议，发挥了其自身"国际型智库"的作用，虽然 GCSC 成立时间较短，但已通过发布公开性文件的形式构建相应的网络空间规则。这些规则自成体系，具备逻辑性与一定的可行性，存在可操作空间。GCSC 也能够从现实情况出发调整自身定位，为联合国框架内专门从事网络规则构建的机构提供可持续的发展路径。

二　默认按照多利益攸关方模式运作

虽然 GCSC 并未明确提出多利益攸关方模式是其参与构建网络空间规则的主导模式，但通过其管理架构以及提出的既有规则模式清晰表明，其完全遵循这一模式。GCSC 认为，规范是利益攸关方之间达成一致、改善治理的基础，也是其工作重点。④ GCSC 以重要的共享核心信念为指导。其中包括民主、多利益攸关方的重要性，促进发展和经济增长的必要性、平衡国家和个人权利与责任的必要性，以及网络空间

---

①　"Norm Package Singapore", GCSC, November 2018, https：//hcss. nl/wp-content/uploads/2022/08/GCSC-Singapore-Norm-Package-3 MB. pdf.

②　参见 "Template and Style Guidelines for the Request for Consultation（RFC）of the Norm Package Singapore of the GCSC", GCSC, December 17, 2018, https：//cyberstability. org/wp-content/uploads/2018/12/Template-and-Style-Guidelines-for-the-Request-for-Consultation-RFC-of-the-GCSC-Norm-Package-Singapore-. pdf。

③　"Global Commission on the Stability of Cyberspace", The Hague Centre for Strategic Studies, https：//hcss. nl/global-commission-on-the-stability-of-cyberspace-paper-series/.

④　"Norm Package Singapore", GCSC, November 2018, https：//hcss. nl/wp-content/uploads/2022/08/GCSC-Singapore-Norm-Package-3 MB. pdf.

运行中保持开放和畅通的重要性。在 GCSC 看来，多边体系或者是政府间的协约体系是关涉国际关系稳定的一个重要因素，该体系嵌入多利益攸关方的环境之中。① 因此，虽然 GCSC 没有明确指出多利益攸关方是构建网络规范的主导方式，但在实践中该组织完全按照这一模式进行运作。GCSC 的核心管理机构委员会成员来自不同国家和地区，包括前政府官员、高校研究人员、私营部门负责人等，从国家、行业等方面而言，其人员构成具备较为广泛的代表性。GCSC 与联合国裁军研究所等机构合作，举行听证会，邀请其他国际组织以及政府、民间社会和私营部门的有关人士就网络空间稳定、各方权利、可持续发展等议题进行讨论。② GCSC 十分注重同其他网络国际组织的协调与合作，和其他相关国际组织共同举办会议，促进双方成员的相互参与。GCSC 把多利益攸关方模式尽可能地融入自身每项工作，这种浸润式的运作特质也体现出多利益攸关方在非政府国际组织规则制定中的深度参与。

综上所述，GCSC 的出现表明，以专家、技术人员、企业人士、前政府官员为主导的非政府机构也能够参与到网络空间的普遍性规则制定之中。虽然 GCSC 所形成的规则倡议难以形成可执行效力，但基于该组织的领导均为前政府高官，这在很大程度上影响了各国政府与联合国等政府间国际组织的决策，推动各方的协调政策倾向其所倡导的目标。

第二节　国际互联网协会、国际标准化组织等
参与制定网络空间国际标准

凭借历史背景与技术上的优势，以专业技术人员为中心的非政府国际组织在网络空间国际标准制定中发挥着重要作用。其中，互联网工程任务组（Internet Engineering Task Force，IETF）、国际标准化组织与国际电工委员会（International Electro Technical Commission，IEC）等私营机构

---

① Wolfgang Kleinwächter, "Internet Governance, and the Multistakeholder Approach the Role of Non-State Actors in Internet Policy Making", Cyberstability Paper Series New Conditions and Constellations in Cyber, December 2021, https://hcss.nl/wp-content/uploads/2021/12/Kleinwaechter.pdf.

② 参见 "Global Commission's Cyber Stability Hearings at the UN", EastWest Institute, February 7, 2019, https://www.eastwest.ngo/idea/global-commissions-cyber-stability-hearings-un。

通过汇集各利益攸关方建议，构建合理可行的技术标准。

一 国际互联网协会在标准构建中的作用

国际互联网协会（ISOC）是开展网络空间治理的非营利性、非政府国际组织，在网络标准制定方面与专门从事互联网标准建设的互联网工程任务组（IETF）联系紧密，ISOC 主要在资金方面支持 IETF 的工作，两个组织的成员也多有重合。① ISOC 实际上是 1992 年由 IETF 创建的，但是已发展成为组织协调互联网工程任务组、互联网工程指导小组、互联网架构委员会的伞式组织，深入参与互联网标准和技术的发展。ISOC 是IETF 的组织总部，并通过各种方式为其提供支持。② ISOC 始终强调开放的互联网标准，其在互联网标准制定背后的核心小组分别是互联网工程任务组、互联网研究工作组、互联网架构委员会。这些机构通过公开、透明且依靠自下而上的过程寻求共识制定互联网标准，确保公开的标准可自由使用，并对标准不断进行修正。③ ISOC 认为开放标准是互联网的基石。除了标准本身，开发这些标准所依据的开放过程和原则还确保了互联网技术的持续发展。④ IETF 作为大型开放的国际社群，由网络设计师、运营商、供应商和研究人员组成，各方关注互联网架构的演变和互联网的顺利运行。⑤ 各类互联网社区的标准制定和研究部门是开放式组织，依靠透明的自下而上流程建立共识。ISOC 还与国际电信联盟和万维网联盟（W3C）等组织合作，支持和加强现有标准工作，促进彼此协调，提高开放标准的可用性。⑥

---

① 参见 Vint Cerf, "IETF and the Internet Society", Internet Society, July 18, 1995, https://www. internetsociety. org/internet/history-of-the-internet/ietf-internet-society/。

② "About the IETF", Internet Society, https://www. internetsociety. org/about-the-ietf/.

③ "Open Internet Standards", Internet Society, https://www. internetsociety. org/issues/open-internet-standards/.

④ "About the IETF", Internet Society, https://www. internetsociety. org/about-the-ietf/.

⑤ "About the IETF", Internet Society, https://www. internetsociety. org/about-the-ietf/.

⑥ Internet Society, "Submissions from Entities in the United Nations System and Elsewhere on their Efforts in 2012 to Implement the Outcome of the WSIS", Commission on Science and Technology for Development (CTSD), Sixteenth Session, Geneva, June 3 – 7, 2013, https://unctad. org/en/PublicationsLibrary/a68d65_bn_ISOC. pdf.

　　在机构设置上，如图 5 - 1 所示，IETF 包括若干机构。互联网工程指导小组负责活动的技术管理和互联网标准流程。① IETF 由不同领域的若干工作组组成，涉及应用程序、总体领域、互联网、操作和管理、路由、安全以及传输七个领域。IETF 区域主管和 IETF 主席组成了互联网工程指导小组。互联网工程指导小组根据社区定义的规则和程序管理互联网标准流程，并负责与标准轨道上技术规范的发展相关的行动。② 在其他附属机构中，互联网架构委员会为互联网标准构建提供长期技术指导。③ 作为 IETF 的平行机构，互联网研究工作组侧重于与互联网相关的长期问题研究，而 IETF 则侧重于工程和标准制定的短期问题。其他机构则从人员选派、行政监督、财政支持、知识产权等方面支持 IETF 工作。IETF 与大多

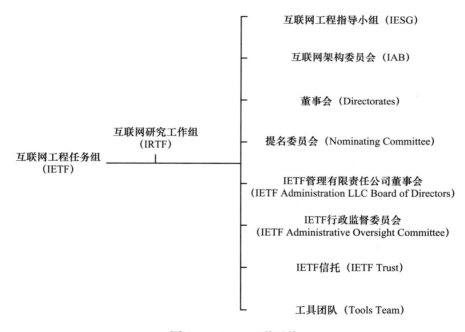

图 5 - 1　IETF 工作结构

资料来源：笔者自制，参考资料 "Groups"，IETF，https：//www.ietf.org/about/groups/。

---

①　"Internet Engineering Steering Group"，IETF，https：//www.ietf.org/about/groups/iesg/.

②　Henri Wohlfarth，"An Introduction to the IETF"，IETF Journal，September 7，2005，https：//www.ietfjournal.org/an-introduction-to-the-ietf/.

③　"Internet Architecture Board"，IETF，https：//www.ietf.org/about/groups/iab/.

数标准化机构的不同之处在于它是一个完全开放的，由网络设计人员、运营商、供应商和研究人员组成的国际社区，没有会员资格要求，任何人都可以加入到 IETF 中。①

在 IETF 管理框架下，根据 ISOC 所批准的规则与流程，互联网工程指导小组负责 IETF 活动的技术管理与互联网标准化流程。② IETF 还把网络标准工作划分为不同的领域，每个领域由不同的工作组负责。IETF 使用已制定的标准起草流程和基于共识的审批流程来完成工作。IETF 标准起草流程是创建征求意见书（RFC），每项标准都作为征求意见书发布，每份征求意见书都以互联网草案的形式开始，③ IETF 这种长期经验化的标准制定运作过程保证了标准制定的科学性与公平性。工作组是 IETF 制定规范和指南的主要机制，一个工作组在完成其目标和实现其目标后就会被终止。④

因此，ISOC 框架下的 IETF 所进行的标准建设体系成熟完善，工作组是主要的标准制定者，征求意见书成为标准的主要载体，各类机构紧密配合，相互交织，形成一套具备操作性强与高效率的标准制定体系。这种从深度和广度涉及广泛行为体的标准建设方式是多利益攸关方模式更为具体的体现。

二 国际标准化组织、国际电工委员会所进行的标准建设

ISO 与 IEC 作为构建网络标准的重要参与者，从自身管理架构以及所发布的相关技术标准文件可见其自身优势。

（一）ISO 与 IEC 的组织框架

依据 ISO 与 IEC 官方公开资料，两个机构的组织架构既有相同之处也各具特色，这保证了 ISO 与 IEC 能够汇聚各方意见，公正平等地制定行业标准。

如图 5-2 所示，在管理架构上，ISO 较为成熟，各部门分工明确。围

① Henri Wohlfarth, "An Introduction to the IETF", IETF Journal, September 7, 2005, https://www.ietfjournal.org/an-introduction-to-the-ietf/.

② "Internet Engineering Steering Group", IETF, https://www.ietf.org/about/groups/iesg/.

③ "The Tao of IETF A Novice's Guide to the Internet Engineering Task Force", IETF, https://www.ietf.org/about/participate/tao/.

④ "Working Groups", IETF, https://www.ietf.org/how/wgs/.

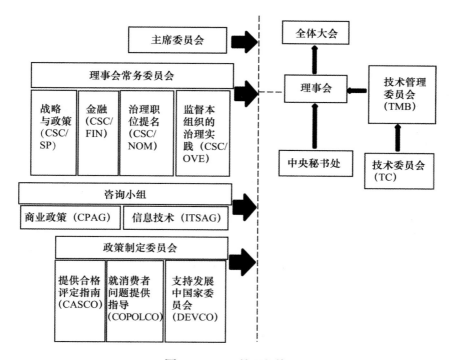

图 5 − 2 ISO 管理架构

资料来源："Structure and Governance", ISO, https：//www. iso. org/structure. html。

绕非常设的首要机构全体大会，ISO 设立了理事会。理事会每年召开三次会议，向全体大会报告。ISO 理事会由 20 个成员机构、ISO 官员以及政策制定委员会组成。主席委员会就理事会所决定的事项提出建议，理事会常务委员会处理战略、政策、金融等有关事项。咨询小组在商业政策和信息技术方面提供建议，政策制定委员会则在评定指南、指导消费者问题以及支持发展中国家委员会方面开展工作。[①] 其中，技术委员会（TC）是 ISO 进行行业标准制定的重要执行机构。当前，ISO 下设 250 个技术委员会，信息技术是其中一个重要门类。ISO 制定标准遵循的原则主要在于：满足市场需求；基于全球专家的意见；通过多利益攸关方模式制定；根据共识制定标准。[②] 可见，ISO 已形成较为成熟的管理模式，在行业标准制定方

① 参见 "Structure and Governance", ISO, https：//www. iso. org/structure. html。

② "How We Develop Standards", ISO, https：//www. iso. org/developing-standards. html.

面按照各方所认可的模式进行。

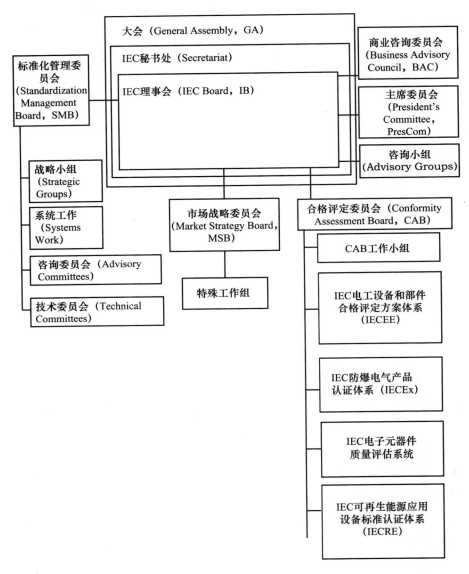

图5-3　IEC内部框架

资料来源："Management structure", IEC, https://www.iec.ch/management-structure。

图5-3详细展示了IEC的组织架构，在IEC内部，大会（General

Assembly，GA）是 IEC 的最高管理机构。大会将委员会所有工作的管理和监督委托给 IEC 理事会（IEC Board，IB）。IEC 理事会是委员会的核心执行机构，向大会报告工作。IEC 理事会委托商业咨询委员会（Business Advisory Council，BAC）协调财务规划和展望、商业政策和活动以及组织（信息技术）基础设施，以支持 IEC 理事会的工作。主席委员会（President's Committee，PresCom）的任务是就 IEC 最佳运作所必需的事项向 IEC 理事会提供咨询和支持。IEC 理事会可设立咨询小组（Advisory Groups），处理向其报告的其他机构未处理的具体事项，或就非经常性和有时限的项目或具体事项提供建议。IEC 理事会应确定此类咨询小组的组成、职权范围和其他议事规则。IEC 理事会委托市场战略委员会（Market Strategy Board，MSB）确定和调查委员会活动领域的主要技术趋势和市场需求。标准化管理委员会（Standardization Management Board，SMB）则受到 IEC 理事会委托管理委员会的标准工作，下设战略小组（Strategic Groups）、系统工作（Systems Work）、咨询委员会（Advisory Committees）、技术委员会（Technical Committees）。合格评定委员会（Conformity Assessment Board，CAB）负责委员会的合格评定（CA）活动，包括运营和财务管理。秘书处（Secretariat）负责 IEC 的运作，并提供实现委员会目标所需的支持功能。①

　　通过对比 ISO 与 IEC 的内部架构，二者的管理模式存在不同的侧重。ISO 管理较为扁平化，各个技术委员会承担较多的专业技术工作，中央秘书处承担的职责较为宽泛。而 IEC 管理较为集中，具体标准的制定从一开始就由 IEC 理事会主导，使 IEC 管理模式的等级色彩较为浓厚。ISO 与 IEC 虽然管理模式存在差异，但并不妨碍双方在联合机构设置与标准制定领域开展协作。

　　在管理模式融合方面，ISO 与 IEC 也取得一定成效。ISO 和 IEC 于 20 世纪 60 年代开展信息技术标准化工作。随着信息技术产业的快速发展和应用普及，ISO 和 IEC 紧跟行业标准制定。1987 年，ISO 与 IEC 的下属机构 ISO TC 97（信息技术）、IEC TC 47B（微处理器系统）和 83（信息技术设备）合并组成第一联合技术委员会（ISO/IEC JTC 1）。JTC 1 将上级

---

　　①　"Management structure"，IEC，https：//www.iec.ch/management-structure.

组织 ISO 和 IEC 的优势结合一起，避免制定重复或可能不兼容的标准，被认为是国际标准化领域规模最大且最多产的技术委员会之一。① JTC 1 作为 ISO 与 IEC 就信息通信领域有关行业标准制定而成立的合作机构，各领域专家聚集在一起为商业和消费者应用开发全球信息通信技术标准。该委员会还提供了标准审批环境，用于整合各种复杂的信息通信技术。这些标准依赖于该委员会专业中心开发的核心基础设施技术，并辅以其他组织制定的规范。② 截至 2024 年 11 月 12 日，ISO 发布的标准数量已达 3533 个，其中由 JTC 1 直接负责的标准有 537 个。③

因此，第一联合技术委员会是从事网络标准建设国际机构融合的突出代表。基于商业运营架构，ISO 与 IEC 通过组建合作机构，推动网络空间标准生成与推广。相比传统网络国际组织合作机制，这一联合机构的设立为各类网络国际组织协作与融合方面提供较高的参考价值。

（二）ISO/IEC 代表性标准评析

《ISO/IEC 27032：2012 信息技术—安全技术—网络安全指南》（*Information Technology-Security Techniques-Guidelines for Cybersecurity*）和《ISO/IEC TR 27103：2018 信息技术—安全技术—网络安全与 ISO 和 IEC 标准》（*Information Technology-Security Techniques-Cybersecurity and ISO and IEC Standards*）是 ISO 与 IEC 近年来已发布的较为重要且颇具代表性的标准文件，也是双方协同参与标准建设的重要成果。

1. 《ISO/IEC 27032：2012 信息技术—安全技术—网络安全指南》

ISO/IEC 27032 由 ISO 与 IEC 第一联合技术委员会第 27 信息技术安全分委员会（ISO/IEC JTC 1/SC 27 IT Security Techniques）于 2012 年 7 月发布。该标准界定了网络空间安全相关概念，明确了网络空间与网络安全的本质，阐述了多利益攸关方模式的内涵与原则，还制定了有关网络安

---

① Dong Geun Choi and Erik Puskar, "NISTIR 8007 A Review of U. S. A. Participation in ISO and IEC", National Institute of Standards and Technology, https：//nvlpubs. nist. gov/nistpubs/ir/2015/NIST. IR. 8007. pdf; Nizar Abdelkafi, et al. , "Understanding ICT Standardization: Principles and Practice", ETSI, https：//www. etsi. org/images/files/Education/Understanding _ ICT _ Standardization _ LoResPrint_20190125. pdf.

② "ISO/IEC JTC 1-Information Technology", ISO, https：//www. iso. org/isoiec-jtc-1. html.

③ 参见 "ISO/IEC JTC 1 Information Technology", ISO, https：//www. iso. org/committee/45020. html。

全控制以及信息分享合作的框架。

ISO/IEC 27032 标准所提供的框架包括：其一，建立信任的关键因素；其二，协作和信息交流与共享的必要流程；其三，不同利益攸关方之间系统集成和相互操作的技术要求。[①] 该标准还从商业及标准化专业视角对利益攸关方进行了不同于传统多利益攸关方模式的阐述，极大地丰富了利益攸关方概念的内涵，后文会重点分析。

该标准对网络空间相关概念进行规范与界定，涉及网络安全、互联网服务、网络服务商、恶意软件、多利益攸关方等概念，提供了一系列网络安全防御与网络空间治理准则。其中，该标准对各方制定网络安全目标需遵循的重要原则在于：保护网络空间总体安全；做好网络突发事件的应急准备；向利益攸关方介绍网络安全和风险管理实践；确保执法和情报界以及相关关键决策者之间能及时准确共享信息；建立有效的跨部门和跨利益攸关方协调机制。[②] 这一标准旨在强调网络空间各类安全议题的作用，涉及信息安全、网络安全以及关键信息基础设施保护。ISO/IEC 27032 提供了一个政策框架，以解决利益攸关方之间系统集成的可信度、协作、信息交换和技术指导方面的问题。[③] 其从标准视角展现了网络安全准则规范，所构建的框架强调了各利益攸关方在标准制定中形成共识、信任措施以及沟通渠道的重要意义。该标准通过一系列概念界定，阐明了网络安全中不同概念的关系，并从标准角度对网络空间利益攸关方进行甄别。在网络信息控制与信息共享领域，该标准也进行了有效规范。

2.《ISO/IEC TR 27103：2018 信息技术—安全技术—网络安全与 ISO 和 IEC 标准》

ISO/IEC TR 27103 于 2018 年 2 月发布，与 ISO/IEC 27032 相比，其更为注重网络空间相关背景与概念界定以及对网络安全整体功能架构的阐释。该标准认为，搭建网络安全框架或实施网络安全计划需要采用一

---

① "International Standard ISO/IEC 27032 Information Technology-Security Techniques-Guidelines for Cybersecurity", ISO, July 15, 2012, https：//www. iso. org/standard/44375. html.

② "International Standard ISO/IEC 27032 Information Technology-Security Techniques-Guidelines for Cybersecurity", ISO, July 15, 2012, https：//www. iso. org/standard/44375. html.

③ "ISO/IEC 27032 Cyber Security Trainings", PECB, https：//pecb. com/en/education-and-certification-for-individuals/iso-iec-27032.

致且迭代的方法，评估和管理风险并研判框架的进展。ISO/IEC 27001 提供了一项风险管理框架，用于在组织内部确定优先级并实施网络安全活动。①

ISO/IEC TR27103 标准对网络安全框架进行阐释。提出网络安全框架的重要功能包括识别、保护、检测、回应和恢复。每一个功能都代表一个组织可用来管理网络安全风险，有助于实现风险管理决策，应对威胁，并借鉴既往经验进一步改进。② 该标准从商业化视角规制网络空间活动中的各方行为，这既包括总体网络安全框架功能，也涵盖网络商业活动、风险管理、资产治理等具体议题。

总体上，这两个标准从宏观和微观层面较为完善地界定了网络空间领域各类行为，并在概念界定、行动框架、网络安全战略指导思想等领域进行了一定程度的规范，具有突出的特质：首先，涵盖面广泛。基于网络空间对各行业的必要性，上述标准指导也涵盖电子信息、金融、医疗等各个行业，充分展现出网络空间标准制定涉及多方利益；其次，具备较强的指导性。上述标准对网络安全战略提供了一系列指导原则，在一定程度上满足了各方对网络空间各类议题的需求；最后，标准制定的具体原则与概括阐述清晰。这在 ISO/IEC TR 27103 标准中得到明显体现。针对具体概念，该标准从总体到局部均有涉及。

虽然上述两个标准文件在微观与宏观层面对网络空间进行了规范，但也存在一些不足。一方面，上述标准更多是对网络空间领域的核心概念进行分析与界定，虚拟及理论属性较强，实践性有待进一步提升。譬如 ISO/IEC TR 27032 标准总体针对网络安全风险管理，虽然该标准对网络空间领域概念术语进行了全面规范，但并未提供打击网络空间非法行为的具体操作指南。另一方面，既有标准商业化属性较强，ISO 与 IEC 这类非政府国际组织，获取商业利益维持自身的运营是必要的，但随着影响力的提升，承担的公共责任与义务也在日益增多。因而，未来的网络

① "ISO/IEC TR 27103：2018 Information Technology-Security Techniques-Cybersecurity and ISO and IEC Standards", ISO, February 2018, https：//www.iso.org/standard/72437.html.

② "ISO/IEC TR 27103：2018 Information Technology-Security Techniques-Cybersecurity and ISO and IEC Standards", ISO, February 2018, https：//www.iso.org/standard/72437.html.

空间标准建设应趋向于公共维度。从这个层面而言，提升网络空间标准制定的公益属性或许是推动 ISO 和 IEC 深度参与全球网络空间治理的可行方向。

第三节　非政府国际组织构建网络空间国际规范的方式

网络空间作为虚拟属性的全球公域，相较于国际经贸、能源、气候等现实空间传统治理议题，非政府国际组织在很大程度上深刻影响着全球网络空间治理的走向。未来，非政府国际组织需要进一步发挥其在构建技术标准的现有优势，通过多方协作，推进网络空间国际规范建设进程。

一　参与宏观规则制定的有效模式

非政府国际组织作为制定网络空间宏观规则的关键参与方，基于自身属性，应当为联合国等网络规则主导性国际组织发挥重要的补充作用，发挥好咨询与建议提供者的角色。

（一）融入联合国等主体机构

联合国的广泛覆盖性与在全球治理体系中的总体领导地位得到了各国尤其是发展中国家的普遍认可。网络空间的特殊性在于基于其自身的历史特殊性，非政府国际组织掌握了较大的资源及议程设定的能力，这保证了其在议题设定上具备较大的话语权，这在标准建设上更为明显。而在宏观规范建设方面，非政府国际组织所发挥的影响力难以与其在标准制定中的作用相企及。因而，非政府国际组织需要在宏观规范发挥补充性、咨询性的重要作用，向联合国等权威性较高的政府间国际组织以及网络大国提供可行的意见参考。

全球网络空间稳定委员会是非政府国际组织发挥决策咨询等规则制定中的辅助性作用的重要代表。全球网络空间稳定委员会所提出的网络空间规则也被联合国所关注，成为联合国大会、经社理事会等机构进行网络总体性规则制定的重要参考。规则的构建很大程度上基于共有理念与认知的良好协调。现有规则难以取得实质性认可的原因之一在于，非政府国际组织与各国在治理理念层面仍然存在差异。非政府国际组织认为，政府需要向公民提供网络安全保护，并且是唯一提供这种保护的行为体，但这并不意味着政府的每一项保护措施都是有效的。非政府国际组织依然强调互联网的开放性，开放的互联网不是乌托邦式的政治承诺，而是技术事实，它提供了一个由不可靠部分构建的可靠系统。[①] 因此，非政府国际组织若希望能在与网络空间相关的国际政治、经济、军事等方面的规则构建中发挥更大的作用，积极与官方机构开展合作是一种可行方式。非政府国际组织在规则构建中的特质在于其能更自由地讨论相关问题，减轻政府与政府间国际组织所受到的国家利益、权力政治与国际制度的约束，更倾向于站在全人类与国际社会的高度，从宏观层面审视网络空间国际规则制定问题。这也有助于政府间国际组织在构建可行规则过程中聆听各方声音，尽可能形成各方普遍认可的规则体系。

（二）与其他非政府机构共同发挥咨询作用

纵观网络空间宏观性国际规则的发展，联合国政府专家组在规则制定进程中面临较多阻碍，但其他国际组织短时间内难以撼动联合国的主导地位，且各类非政府国际组织开展规则建设时间较短，不具备召集各方开拓一条规则制定新路径的威望。因此，类似于全球网络空间稳定委员会等非政府国际组织只能侧重于更好发挥向各国政府与政府间国际组织提供咨询建议的作用，适度扩大自身影响力。对于各类网络非政府国际组织而言，其在非技术规则建设领域不具有较大优势。扩大与非官方属性机构的协作是非政府国际组织提升自身影响力的另一种可行方式。

一方面，非政府国际组织之间以及与政府间国际组织的协作是必要的。其中，全球网络空间稳定委员会积极与其他网络非政府国际组织合作。全球网络空间稳定委员会与互联网名称与数字地址分配机构开展密切协作，通过组织会议协同召开的形式加深彼此了解。譬如在 2019 年，全球网络空间稳定委员会与互联网名称与数字地址分配机构第 64 次社群会议一同在日本神户举行。这为两个机构成员提供了互动的机会，是互联网治理和多利益攸关方合作的基础。非政府国际组织参与各类多边论

---

① Andrew Sullivan, "We Won't Save the Internet by Breaking It", Internet Society, November 13, 2018, https://www.internetsociety.org/blog/2018/11/we-wont-save-the-internet-by-breaking-it/.

坛的目的在于推动国际共识的形成，以促进网络空间国际规则走向成熟。全球网络空间稳定委员会也积极通过参与多边论坛促进国际社会制定出成文的国际宣言，以谋求各方支持。2018 年，由法国总统马克龙发起的《网络空间信任与安全巴黎倡议》（*Paris Call for Trust and Security in Cyberspace*）出台，这是关于制定网络空间保护共同原则的高级别倡议，全球网络空间稳定委员会是倡议的早期支持方，并签署这一倡议以维护促进其所力求加强的原则和价值观念。[①]

另一方面，全球网络空间稳定委员会的既有工作为非政府国际组织参与构建普遍性规则提供新的启示，即通过与智库学界合作提出可行的网络规则，以期获得政府特别是网络大国的认可。凭借西方国家"旋转门"制度，非政府国际组织可以与各类外交、战略领域的顶级智库开展更多合作。通过举办研讨会等形式加深彼此交流，寻求并扩大共识。全球网络空间稳定委员会作为欧洲智库所发起的国际组织，可与其他国家（地区）众多世界顶级智库开展合作对话。非政府国际组织可以通过各类正式与非正式形式与各国智库机构开展网络规则建设层面的讨论，在具体的交流中尽可能地扩大理念共识。通过与智库人员的沟通交流间接影响国家决策，这不仅有助于缓和网络规则制定碎片化的趋势，扩大各方共有认知，也有助于提升自身在构建网络空间规则中的影响力。

因此，非政府国际组织作为网络空间国际规则建设的非主导行为体，在不具备执行力与权威性的情况下，利用好自身咨询作用并与其他主导国际组织的深入协作是一条较为务实的路径。非政府国际组织能充分发挥自身优势，提出的网络规则建议更可能被主导行为体所采纳。

二　构建网络空间国际标准的路径

网络空间标准制定是一个循序渐进的过程，非政府国际组织作为较早参与网络空间标准构建的重要行为体，机构设置合理，经验丰富。面

---

① 参见 "Global Commission Signs the Paris Call for Trust and Security in Cyberspace", GCSC, November 16, 2018, https：//cyberstability. org/news/global-commission-signs-the-paris-call-for-trust-and-security-in-cyberspace/；"Paris Call for Trust and Security in Cyberspace", France Diplomacy, November 12, 2018, https：//www. diplomatie. gouv. fr/IMG/pdf/paris_call_text_-_en_cle06f918. pdf。

对网络新技术的不断涌现以及主权国家和跨国公司等行为体的不断参与，非政府国际组织需要在以下三个方面推进建设网络空间标准。

（一）机构间密切联动

随着数字前沿技术与各类产业发展联系日益紧密，网络空间开始摆脱纯虚拟属性，愈发深刻影响现实空间。网络空间在传统安全领域重要性的提升使主权国家及政府间国际组织所发挥的作用逐渐增强，而非政府行为体地位存在下降趋势。因而非政府国际组织之间以及与其他国际组织的协作格外重要。

多年来国际标准化组织和国际电工委员会等非政府国际组织之间已经形成十分紧密的合作网络，超越了一般国际组织合作。ISO/IEC 技术委员会和小组委员会通过首席执行官办公室建立联络通信渠道，并借助多元方式协调层级和工作分配。[①] 相近领域的国际组织通过成立各类合作小组，使各方充分发挥既有优势，扬长避短，促进附属机构的整合。非政府国际组织应视具体问题的发展走向，对协作机制的紧密与松散、短期与长期均可适时调整，这有助于促进新的网络标准与合作机制的出现，从而更贴合网络空间现有标准制定的实际状况，也为网络空间治理其他子议题提供启示。

非政府国际组织与其他国际组织协作机制的建立也是标准化机制建设的一种可行方式。国际标准化组织、国际电工委员会和国际电信联盟已形成较为成熟的机制架构，三方一致就互联网以及信息技术标准制定保持协商合作，并在合作框架下规范了各自的职责。[②] 国际标准化组织也与 WTO 保持密切关系，力推制定国际标准以减少贸易技术壁垒。国际标准化组织积极参与联合国事务，与联合国经济及社会理事会（ECOSOC）等机构开展技术协调与合作。[③] 早在 2000 年，国际标准化组织/国际电工委员会就联合 ITU 与联合国欧洲经济委员会（UNECE）签署了电子商务谅解备忘录，以协调各自的标准工作。[④] 国际标准化组织也保持与欧洲电

①　"IEC Partners Liaison between ISO and IEC", IEC, https：//www.iec.ch/about/global-reach/partners/iso/.

②　"Structure and Governance", ISO, https：//www.iso.org/structure.html.

③　"Structure and Governance", ISO, https：//www.iso.org/structure.html.

④　参见 "IEC Partners Cooperation with the United Nations", IEC, https：//www.iec.ch/about/globalreach/partners/un/。

信标准协会（ETSI）等区域标准化组织的合作，推进地区标准体系的成熟。① 国际标准化组织与国际电工委员会作为全球性专业国际组织，促进与区域性机构的联系，力推区域性行业标准上升为全球性准则也是较为可行的路径。

传统的国际合作理论认为，国际合作必然是在分散化、缺乏有效制度和规范的背景下进行的，各实体在文化上有差异、地理上相分离，要进行合作，就有必要充分了解各种成员的动机和意图，解决因信息不完整所带来的问题。合作理论的核心在于合作的动力或收益要超过单边行动的动力或收益。② 网络空间的出现使各类行为体之间的地理距离不再是重要变量，但寻求有效的规范制约、规范现有秩序、获得更多利益仍然是各类行为体开展合作的重要驱动力。国际标准化组织和国际电工委员会在与其他国际组织合作方面已具备丰富经验。由于网络空间已发展成为涵盖各个产业的复杂系统，这使参与网络空间标准制定的行为体的宽度和广度大为提升，利益攸关方中非技术人员的比例也在增加，各类功能性与区域性组织也参与其中。因此，未来网络非政府国际组织之间的协作依然存在广阔前景。网络空间国际规范作为一种全球性公共产品，缓解地缘权力竞争对网络标准化建设的深入影响是非政府国际组织所面临的重要挑战。因而非政府国际组织之间以及与其他国际组织的协作有助于缓解公共产品分配的不公平问题以及传统权力政治博弈对标准建设的影响，推进网络标准构建尽可能回归技术与各方需求本身。

（二）与政府进一步拓展合作共识

网络空间和全球化带来了国际治理的明显改变。主权国家的作用已经以多种方式发生变化，为非国家行为体提供了更广泛的参与空间。③ 由于大多数非政府国际组织总部设在发达国家，在参与网络空间标准制定

---

① 参见"ETSI European Telecommunications Standards Institute"，ISO，https：//www. iso. org/organization/9006. html。

② ［美］詹姆斯·多尔蒂、小罗伯特·普法尔茨格拉夫：《争论中的国际关系理论》，阎学通等译，世界知识出版社2003年版，第544页。

③ Jeanne Pia Mifsud Bonnici and Kees de Vey Mestdagh, "Balancing Norms in Cyberspace：State and Non-state Actor Normativity in Cyberspace", in Ige F. Dekker and Wouter G. Werner, eds. , *Governance and International Legal Theory*, Dordrecht：Springer-Science and Business Media, 2004, p. 378.

过程中不可避免地与发达国家密切互动，一定程度上增强了发达国家政府在这一治理维度中的合法性。同时各类国际组织的活动也有助于提升发展中国家构建国内标准的能力。因而这也有助于提高发展中国家政府的合法性。①

当前，各类非政府国际组织与各国政府矛盾与利益交织，在互联网及数字技术领域各类标准制定中既存在共识，也会有矛盾。新兴市场国家围绕网络空间在技术与产业领域的发展使西方发达国家深感威胁，尤其是中国等新兴市场大国逐渐重视参与网络国际标准构建，正逐渐打破西方国家主导全球网络空间治理的局面。新兴市场大国的崛起正在使西方主导的网络空间治理体系发生变革，政府在网络空间国际标准建设过程中的作用开始上升。尤其是人工智能、物联网、量子技术等新业态的兴起，网络空间与"高政治"议题的联系越发紧密，网络空间正在深刻影响传统行业的发展。新兴市场国家政府必然会把其所强调的主权原则、多边主义等理念应用到构建网络空间标准之中。面对网络空间的无序性，各国政府聚焦于本国法规建设与跨境规范制定以维护网络空间国际秩序。基于上述情况，未来，非政府国际组织需要与各国政府尤其是网络大国就数字信息技术标准化建设议题紧密协作，在必要情况下可以向政府部门提供政策建议与技术支持。在合作方式上，各国标准化部门是代表政府的重要机构，现有非政府国际组织在很大程度上已经与美国国家标准与技术研究院（National Institute of Standards and Technology，NIST）等网络大国标准化部门形成了良好的合作机制。非政府国际组织今后可以进一步与更多国家的标准化部门开展标准制定、模式协商等议题的合作，协作构建可行的国际标准。

未来，伴随互联网及数字技术与国家政治、军事、经济等核心领域联系日益密切，政府势必深度参与全球网络空间标准构建，生成有助于维护本国国家安全的网络空间标准。各类非政府国际组织在既有标准规范架构中掌握核心资源，具备丰富的经验，面对政府在多利益攸关方框架下的强势崛起，有效的沟通协商是必要的。但更为重要的是，开展网

---

① 参见徐莹《当代国际政治中的非政府组织》，当代世界出版社 2006 年版，第 132—133 页。

络空间标准制定的根源在于各方需要针对网络空间议题中具体事项达成较为全面且可接受的协议，遵循既已达成的框架。这保证了上述规范及其所带来一系列的人类生产生活的变化合乎客观规律以及人类社会的伦理规范，推动互联网等数字技术发展有助于维护全人类的共同利益。技术逻辑与商业逻辑层面的治理会降低国家对威胁的感知，有助于推动政治安全逻辑的天平从权力政治向相互依赖转变。① 由于历史和技术等方面的原因，西方国家与主导网络标准制定的诸多国际组织具有较为相似的意识形态，对网络空间也存在趋同的发展理念。而中国、俄罗斯等新兴市场国家，关于网络空间理念的认知与西方发达国家存在较为显著的差异。网络主权、多边主义是中国等网络新兴大国推崇的网络空间治理理念与模式。越来越多的非西方国家人士在非政府国际组织担任高级职务，有助于推进新兴市场国家所推崇的理念与模式影响现有非政府国际组织架构。新兴市场国家深度介入非政府国际组织开展标准制定工作，有助于促进其他发展中国家国内网络行业标准法规的建立，降低这些国家尤其是中小国家的网络治理成本，推动国内国际行业技术标准的紧密联系，进一步促进统一网络国际标准的实现，进而从网络空间标准这一"低政治"领域深入参与国家网络安全等"高政治"议题。从各类网络标准化非政府国际组织的既有标准建设经验来看，普遍推崇商业化运作模式，对利益攸关方的理解也趋向于传统的公司治理视角。但面对主权国家尤其是互联网大国的参与，网络空间标准建设在技术层面之外不可避免地增加了国家安全、国家主权等非技术因素。因而各行为体需要增强在理念与核心概念理解上的交流，对既有商业运作模式进行适当调整，增强其公共属性。

（三）紧密追踪前沿技术标准

网络前沿技术的标准创建一直是非政府国际组织从事网络标准建设的重点，物联网、智能制造等作为与网络空间联系紧密的新兴产业，非政府国际组织现已深度参与新兴产业的标准建设之中，未来仍需要保持对互联网前沿技术标准化建设的持续跟进，从技术层面保障各方在应用互联网等新兴数字技术时有规可循。

---

① 鲁传颖：《网络空间安全困境及治理机制构建》，《现代国际关系》2018 年第 11 期。

国际标准化组织和国际电工委员会围绕大数据、5G、智能制造、物联网等领域开展前沿技术联合标准建设。国际互联网协会对人工智能、机器学习、物联网等领域关注较多，注重人工智能在社会经济影响、数据新用途、安全保障、伦理等领域的标准化建设。① 而在物联网领域，国际互联网协会发布了相关白皮书，从物联网的挑战出发，指出物联网发展所引发的安全性、隐私保护等问题。② 物联网也明确被互联网工程任务组列为感兴趣的领域，互联网工程任务组成立了专家咨询机构——物联网理事会（IETF IoT Directorate），在组织内部就物联网相关工作进行协调。③

因此，新兴技术的出现对全球网络空间治理体系变革乃至国际关系权力结构格局变迁产生了重要影响，为非政府国际组织进一步参与网络及数字新标准制定带来更大的发展空间。新兴技术的出现导致网络空间标准规则制定面临新的变化，数字新兴产业有可能成为未来影响大国博弈以及国际体系演进的关键变量。而国际标准的出现在某种程度上有助于遏制网络霸权国家凭借自身技术优势损害发展中国家的利益，保证既有国际体系不至于出现较大失衡。各类非政府色彩的标准化国际组织肩负着制定新技术标准的使命，继而推动数字新兴技术平稳发展。标准化国际组织需要密切追踪前沿数字技术，发布适当的标准项目分配给具备实力的利益攸关方进行撰写和编辑，在此过程中积极协调各方关系，以扩大理念共识，确保新技术标准所秉持的原则符合全人类的共同利益。

三 从"供求视角"解读利益攸关方理念

参与构建网络规范的非政府国际组织均强调多利益攸关方的重要性。国际互联网协会明确提出多利益攸关方模式对构建网络规范乃至网

---

① "Artificial Intelligence and Machine Learning: Policy Paper", ISOC, April 18, 2017, https: //www. internetsociety. org/resources/doc/2017/artificial-intelligence-and-machine-learning-policy-paper/.

② "The Internet of Things (IoT): An Overview Understanding the Issues and Challenges of a More Connected World", ISOC, October 15, 2015, https: //www. internetsociety. org/resources/doc/2015/iot-overview.

③ "The Internet of Things", IETF, https: //www. ietf. org/topics/iot/.

络空间整体治理的适用性。多利益攸关方模式可被看作一个政策工具箱，而并不是一种单一的解决方案。国际互联网协会也认为政府不应干扰互联网的日常技术管理，确保互联网技术标准建设流程的独立性，互联网工程任务组内部运作流程被认为是多利益攸关方模式的推广。同时国际互联网协会还致力于多利益攸关方的传播，推动该模式在 ITU、IGF、APEC 和 OECD 等多边论坛与国际组织中发挥作用。国际互联网协会还将积极与各国政府合作，鼓励政府在自身政策制定过程中应用这一模式。[①] 国际标准化组织制定国际标准遵循基于公平、公正、涵盖各类议题以及涉及广泛利益攸关方的模式，该模式被国际标准化组织明确当作制定标准的总体原则之一。国际标准化组织技术委员会由相关行业专家组成，也有来自消费者协会、学术界、非政府国际组织和政府的有关人员。[②]

在 ISO/IEC 27032 标准中，利益攸关方（stakeholders）概念存在的前提是网络空间不属于任何个体，任何行为体均能参与其中。[③] 按照各方与互联网的关系，利益攸关方被分为消费者和提供者（见图 5-4）。消费者涵盖个人、私营组织、公共组织，私营组织包括大中小各类企业，政府

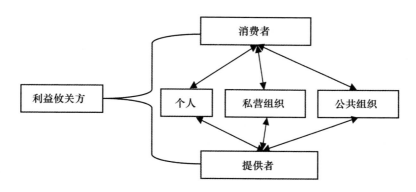

图 5-4　ISO/IEC 27032 中的利益攸关方

资料来源：笔者根据 ISO/IEC 27032 中的描述自制。

<hr>

① "Action Plan 2019", Internet Society, https://www.internetsociety.org/action-plan/2019/.

② 参见 "How We Develop Standards", ISO, https://www.iso.org/developing-standards.html。

③ "International Standard ISO/IEC 27032 Information Technology-Security Techniques-Guidelines for Cybersecurity", ISO, July 15, 2012, https://www.iso.org/standard/44375.html.

和其他公共机构统称为公共组织。当个人或组织访问网络空间或接受网络空间任何可用的服务时，他们就会成为消费者。如果消费者反之在网络空间中提供服务或使其他消费者能够访问网络空间，消费者也可变为提供者。因而使用网络空间的消费者可以通过向其他消费者提供虚拟产品和服务的方式演变为提供者。提供者包括但不限于互联网服务提供商以及应用服务提供商。提供者也可能被理解为运营商，而不是接入服务的经销商。从安全性，特别是执法角度而言，这种区别很重要。因为如果经销商无法提供足够的安全性或合法性访问权，支持服务通常会默认回到运营商手中。了解给定服务提供商的性质是网络空间风险管理中的重要内容，应用服务提供商通过软件向消费者提供服务。① 商业环境，尤其与网络空间有关的商业环境，可能会不断变化，导致利益攸关方的利益随时间而变化。利益攸关方的特征促使管理者提出策略（而策略是由政策驱动）来对利益攸关方施加影响。② 此外，ISO/IEC TR 27103 标准明确指出，除了保护自身利益，利益攸关方还需要发挥积极作用，以便获得更多利益。支持互联网驱动系统和应用程序扩展到企业对企业（Business-to-Business，BTB）、企业对客户（Business-to-Customer）和个人对个人（Customer-to-Customer）电子商务模式中，包括多对多交易（Many-to-Many Interactions and Transactions）。个人和组织需要做好准备，应对新出现的安全风险和挑战，并有效预防和应对有关滥用和犯罪行为。③

而 IEC 自身则把典型的利益攸关方分为行业、消费者、学术界、检测实验室以及政府和监管机构这几个层面。价值链中的所有攸关方都要积极参与标准的制定，以确保最终可交付成果符合市场需求并满足用户期望。参与 IEC 标准制定主要通过提名专家在工作组和项目团队一级工作的国家委员会进行，这些文件在技术委员间传阅，由国家委员会进行

① "International Standard ISO/IEC 27032 Information Technology-Security Techniques-Guidelines for Cybersecurity", ISO, July 15, 2012, https：//www. iso. org/standard/44375. html.

② Simo Hurttila, "From Information Security to Cyber Security Management-ISO 27001 & 27032 Approach", Master's thesis of Tallinn Univeristy of Technology, 2018, https：//digi. lib. ttu. ee/i/file. php? DLID = 10779&t = 1.

③ "ISO/IEC TR 27103：2018 Information Technology-Security Techniques-Cybersecurity and ISO and IEC Standards", ISO, February 2018, https：//www. iso. org/standard/72437. html.

评论和表决。各国国家委员会代表该国所有利益攸关方提交意见并进行投票，表明国家委员会在技术和小组委员会一级的立场。①

　　综合上述非政府国际组织对多利益攸关方的解读可以看出，关键的利益攸关方包括个人、社群、国际组织、政府机构等，各方在标准制定中发挥着不可或缺的作用。非政府国际组织基于自身私营属性，从商业领域的供求关系视角切入界定多利益攸关方概念，围绕自身制定各类国际标准所涉及的不同种类的行为体来划分利益攸关方的具体指向。这种划分在根本上强调了网络空间的商品属性，突出了围绕互联网产生的一系列生产消费等商业特质。这种解释与公司治理领域的利益攸关方概念联系紧密，突出其最初始的管理学属性。利益攸关方概念在国际标准化组织和国际电工委员会中呈现浓厚的商业属性更多是根植于这两个国际组织的非政府特质，因而它们针对利益攸关方概念商业视角的解读在一定程度上趋向公司治理领域，并融合了标准制定的专业技术色彩。但就利益攸关方概念的实质而言，这种解读视角并未从根本上改变上述概念在网络空间治理中的传统内涵。政府、国际组织、社群、公民个人依旧是参与治理的主要行为体。不同国际组织根据自身行业特质对利益攸关方进行解读反而丰富了其内涵，有助于其包容度与执行力的提升。因此，此模式在国际标准化组织和国际电工委员会构建网络空间标准中得到广泛应用，利益攸关方依旧是其网络空间标准制定的重要指导理念。国际标准建设有助于加强经济全球化，能向进口国的消费者提供有关产品的信息，以确保技术兼容性。②

　　非政府国际组织从供求视角解读利益攸关方理念，有效扩充了现有多利益攸关方模式的内涵，这使该模式从宽度与深度上具备更强的解释力，提升了其活力。在标准构建中上述视角的形成为规则制定的机制演进提供了参考启示。今后相当长的时间内，非政府国际组织在规范建设中若遵循该模式，很大程度上可以保证规范建设的开放性。

---

　　①　"Stakeholders", IEC, https：//www.iec.ch/standardsdev/how/stakeholders.htm.

　　②　Shin-yi Peng, "Private Cybersecurity Standards：Cyberspace Governance, Multistakeholderism, and the (Ir) Relevance of the TBT Regime", *Cornell International Law Journal*, Vol. 51, No. 2, 2018, p. 453.

第四节　小结

相较于其他全球治理议题，在网络规范构建中非政府国际组织的作用更为显著。尤其是在标准制定领域，此类组织占据主导地位，数量众多的非政府国际组织参与到标准制定中。但在规则构建上，囿于自身属性，非政府国际组织所发挥的作用更多在于提供政策建议，难以对主权国家及政府间国际组织产生较大影响。上述组织在构建规范中遵循多利益攸关方模式，但更多地从供求视角进行解读，也为该模式提供了更富弹性的操作空间。

总之，基于网络空间的特殊属性，凭借先发和技术优势，非政府国际组织成为构建网络空间国际规范的重要一方，在新兴数字技术层出不穷的当下，统一的技术标准有助于网络空间全球治理体系的稳定演进。

第 六 章

地区性国际组织与网络空间
国际规范构建

在网络空间国际规范建设中，全球性网络规范是其重要组成部分，地区性国际组织主导的规范建设也在蓬勃发展，在区域层面为国际规范的发展提供了另一种可行方向。地区性国际组织的参与使构建网络空间国际规范从全球层面下降到地区层级，促进了地区成员国达成规范的可行性，提升了地区规范对区域成员的适应度。

第一节　地区性国际组织构建网络空间
国际规范的特点

全球化浪潮下，区域一体化开始成为区域成员国让渡部分国家主权、打破边界藩篱、降低交易成本的重要方式。①

关于地区性国际组织并未有统一的定义，但总体上地区性国际组织是指地理位置相近且同属大致相同区域的主权国家和地区组成的跨境国际组织。由此而衍生的区域治理是指国际机构或国际组织、规范或概念构建以及创建这些机构和规范的过程。区域治理以地区性国际组织为基础，主要是但不限于地区性政府间组织。它不只限于单一组织，而是指一组相关的地区性国际组织及其相互作用模式。区域治理可被定义为一种地区性国际组织的总体结构，它构建了若干国家的区域话语，为区域

---

① Margaret P. Karns, Karen A. Mingst and Kendall W. Stiles, *International Organizations: The Politics and Processes of Global Governance*, Boulder: Lynne Rienner Publishers, 2015, p. 161.

产生规范和规则，有助于解决集体问题或实现共同利益。[1] 从经贸等议题切入，多领域的区域一体化有力推动区域内成员国打破壁垒，促进本国经济增长及国家发展。欧盟、东盟、非盟、美洲国家组织等地区性国际组织的建立推动了地区一体化发展。在网络空间领域，地区性成员国通过协商对话，构建出一套可行的、适用于本地区发展的网络规范体系。地区性国际组织在网络空间区域性规范建设上存在以下特质。

一　构建区域规范能更具针对性地弥合成员国之间发展不平衡

国际社会所面临的治理议题正变得愈发复杂且多元，全球性国际组织在应对全球挑战方面存在局限性，从地区性国际组织着手被认为是一种可行的方式，特别是在安全、发展和环境领域。在全球性国际组织无法提供有效解决方案的情况下，地区性国际组织可以发挥一定的作用。[2] 除了欧盟成员国中发达国家占据多数，其他各类地区性国际组织成员普遍为发展中国家，且绝大多数为中小国家，尤其是东盟和非盟的大多成员国数字产业规模较小且技术落后，国内网络法规也不成熟。在这种情况下，地区性国际组织构建可行的网络规范成为其成员国的共同期待。

一方面，构建网络空间国际规范迫切需要从区域层面切入，以推动落后成员的发展。地区秩序的形成和维持，要求国家之间形成一种追求基本目标的共同利益观念。[3] 全球性国际组织在构建国际规范中难以完全考虑到区域各个成员国的具体诉求，为它们提供更符合自身发展的规则产品，因而地区性国际组织制定有效的区域性规范更易得到区域成员国的支持。尤其是对于技术与治理能力落后的成员国而言，选择让渡部分主权，能够获取较为实际的资源和更多区域层面的制度性公共产品，是一种更为现实的选择。区域网络规范的形成有利于弥合区域成员国之间的技术鸿沟，帮助后发国家提升规范制定的能力。

---

① Detlef Nolte, "Regional Powers and Regional Governance", in Nadine Godehardt and Dirk Nabers, eds., *Regional Powers and Regional Orders*, London and New York：Routledge, 2011, p. 53.

② Jean-Marc Coicaud and Jin Zhang, "From International and Regional Organisations to Global Public Policy", in Philippe De Lombaerde, Francis Baert and Tânia Felício, eds., *The United Nations and the Regions Third World Report on Regional Integration*, Dordrecht：Springer, 2012, p. 141.

③ 马荣久：《亚洲地区秩序构建的制度动力与特征》，《国际论坛》2019 年第 3 期。

另一方面，在构建区域网络规范过程中，域内主导国更能发挥突出作用。在地区性国际组织中，成员国信息通信技术发展水平与网络空间治理能力存在显著差异。区域先进国家具备较强的信息通信技术水平与网络空间治理能力，在成员国数量相对有限的区域层面所发挥的作用更加明显。在这些国家的引领下，地区性国际组织更易推进可行的区域网络空间治理机制，围绕治理理念、政策制定、技术指导等层面引导其他成员国构建出一套适合本国实际发展的规范准则。伴随域内国家技术差距的缩小，均衡的数字产业发展与网络治理能力水平的提升也会促使成员国拥有构建更为成熟的区域网络规范的动力。

二　区域一体化机制助力全球性规范的成熟

从网络空间国际规范发展历程来看，全球性国际组织一直是网络空间国际规范制定的主导力量，也更容易得到各方关注。但跨区域的全球性国际组织涉及的利益攸关方过于广泛，制定出的国际规范更多是各方妥协的结果，因而对具体国家在适用性上存在一定的不足。地区性国际组织参与构建网络规范使这一跨国议题的范围从全球层面缩小到区域层面，区域层面的国际规范与成员国发展现状及区域环境的匹配度更高。

首先，地缘因素决定了地区性国际组织在构建区域性统一规范上具备优势。地区性国际组织的特质之一即成员一般是特定区域内的主权国家。①各成员国地理位置接近，发展历程相似，相互联系密切，甚至各国的民族文化具有同宗同源的关系，因而对于跨国治理议题更容易形成相似的理念与认知，更容易达成共识。尤其是以中小国家为主要成员的地区性国际组织，成员国有限的综合国力使其难以对国际事务产生重要影响，因而区域成员的联合在增强区域一体化建设的同时，更有利于维护区域成员的利益。

其次，区域机制的建立有利于降低成员国的沟通成本，提高跨国协商与对话的效率。网络规范作为跨国流动特征明显的地区性议题，区域机制建设必不可少。区域机制的成熟为构建区域性网络规范奠定了重要基础，有助于弥合域内成员国网络空间治理能力的差异。早期东盟网络安全政策制定主要根植于区域合作，建设有弹性的国家防御体系，确保

---

① 葛勇平编著：《国际组织法（第二版）》，知识产权出版社 2020 年版，第 11 页。

地区网络安全。① 地区性国际组织有助于创建功能性链接网络，改善成员国之间的关系，有助于控制成员国之间某些类型的冲突并防止冲突扩散。成员国功能上的相互依赖增强认同感，提高了其他成员对刺激行为的容忍度，因为所感知到的收益超过了所认知的挑战。增加了所有成员国的暴力冲突成本，为综合性解决方案提供机制、经验和期望上的帮助。② 这有利于成员国形成合力，共同提升区域层面网络规范制定的水平。

最后，由于地区性国际组织成员国数量相对有限，区域规范相对更具针对性。区域规范的制定根植于区域成员国的自身因素，区域范围及成员国的相对有限决定了区域规范的针对性更强，对内能够推进成员国内部法规建设，对外则代表整个区域影响全球性网络规范的协商对话，推动国际社会形成组团化、区块化的国际规范，从而为全球性规范的最终达成扫清障碍。

总体来说，区域机制能够有效弥补全球性规范制定的不足，网络空间国际规范制定离不开地区性国际组织的参与。

第二节　东盟构建区域网络空间规范的表现

作为发展中国家占多数的地区性国际组织，东盟较早重视区域内的网络规范制定。早在20世纪90年代，东盟电信监管理事会（ASEAN Telecommunications Regulators' Council，ATRC）就尝试构建区域内信息通信技术标准。2010年之前，东盟主要在打击网络攻击与网络恐怖主义、电子商务等有限领域尝试构建相关规则。2010年之后，伴随互联网对国际政治的影响力与日俱增，构建网络空间国际法与国际规则得到联合国等全球性国际组织的普遍关注，东盟日益重视在网络空间人权保护、数据保障、跨境数据流动等领域构建区域规范。随着前沿数字技术的发展，东盟也开始联合域外专业化国际组织共同推进相关标准建设。总体而言，

① Candice Tran Dai and Miguel Alberto Gomez, "Challenges and Opportunities for Cyber Norms in ASEAN", *Journal of Cyber Policy*, Vol. 3, No. 2, 2018, p. 223.

② Ramesh Thakur and Luk Van Langenhove, "Enhancing Global Governance Through Regional Integration", in Andrew F. Cooper, Christopher W. Hughes and Philippe De Lombaerde, eds., *Regionalisation and Global Governance the Taming of Globalisation*? London and New York: Routledge, 2008, p. 25.

东盟网络规范始终与全球网络空间规范同步发展，力图通过推动构建区域网络规范，促进域内国家数字产业的发展，提升区域治理能力。东盟网络规范通过一系列声明、宣言、行动计划、工作项目、总体规划等形式呈现，在各类议题规则与技术标准制定方面取得了一系列成就，表现出东盟在组织和决策上的非正式性、非强制性特点。①

一　在多议题领域构建相关规范

东盟的网络空间发展目标较为明确，早在 2001 年举行的首届东盟电信和信息技术部长会议上，成员国就认识到信息通信技术是东盟经济增长的推动力，也是在经济全球化时代提高竞争力的潜在工具。成员国强调合作有助于建立一个"更加互联互通"的东盟，以促进该地区经济的可持续增长。② 随着东盟数字产业与网络治理能力的不断提升，东盟希望在 2025 年成为一个以安全和变革性的数字服务、技术和生态系统为动力的领先的数字社区和经济集团。③ 东盟努力在组织内部努力构建符合成员国发展需求的网络规范，具体表现为以下三方面。

第一，高度重视关于打击网络犯罪的规则制定。早在 2006 年，东盟地区论坛（ASEAN Regional Forum，ARF）就通过了《关于合作打击网络攻击与恐怖分子滥用网络空间的声明》，就通过网络空间攻击关键基础设施、恐怖分子滥用网络空间等多个议题达成共识。④ 2007 年发布的《东盟反恐公约》也明确提出强化应对网络恐怖主义的能力与准备。⑤ 东盟通

---

① 参见肖莹莹《地区组织网络安全治理》，时事出版社 2019 年版，第 103 页。

② "Joint Media Statement of the First ASEAN Telecommunications & IT Ministers（TELMIN）", ASEAN, July 13 – 14, 2001, https：//asean. org/wp-content/uploads/images/2012/Economic/TELMIN/presrelease/Joint%20Media%20Statement%20of%20the%20First%20ASEAN%20Telecommunications%20&%20IT%20Ministers. pdf.

③ "ASEAN Digital Masterplan 2025", ASEAN, 2021, https：//asean. org/wp-content/uploads/2021/09/ASEAN-Digital-Masterplan-EDITED. pdf.

④ "ASEAN Regional Forum Statement on Cooperation in Fighting Cyber Attack and Terrorist Misuse of Cyber Space", ASEAN Regional Forum, July 28, 2006, https：//aseanregionalforum. asean. org/wp-content/uploads/2019/05/Annex-6-ARF-Statement-on-Cooperation-in-Fighting-Cyber-Attack-and-Terrorist-Misuse-of-Cyber-Space-Final-13th-ARF-Kuala-Lumpur-2006. pdf.

⑤ "ASEAN Convention on Counter Terrorism", ASEAN, https：//asean. org/wp-content/uploads/2012/05/ACCT. pdf.

过一系列声明、行动计划等公开文件的形式构建打击网络犯罪的相关规则。目前，东盟现已建立了跨国犯罪问题部长级会议（AMMTC）、电信和信息技术部长（TELMIN）会议、地区论坛和跨国犯罪高级官员会议（SOMTC）4 个对话机制。①

第二，推进网络安全规则的形成，涉及网络空间人权保护、隐私保护、个人数据保护、跨境数据流动、电子商务立法等。在网络安全层面，东盟早在 2011 年就发布《东盟信息通信技术总体规划 2015》（*ASEAN ICT Master Plan 2015*）呼吁成员国制定网络安全共同框架。2016 年 5 月，第十届东盟国防部长会议（ADMM）通过了菲律宾提出的设立网络安全工作组的提议。② 在数据安全层面，东盟建立《数据管理框架实施准则》和"跨境数据流动机制"，协调推进区域数据管理和跨境数据流动准则。③ 在处理跨境数据流动上，东盟最大限度地扩大内部数据的自由流动，以促进数据生态系统的活力，确保对传输数据的必要保护。④ 2012 年东盟电信和信息技术部长会议发布的《东盟个人数据保护框架》，确立了一系列个人数据保护原则，旨在加强对东盟内部个人数据的保护，促进参与者之间的合作，以推动和发展区域和全球贸易及信息流通。⑤ 东盟的个人数据保护原则涉及个人数据的准确、安全保障、访问和更正、转移到另一个国家或地区、保持与问责等，⑥ 以《东盟个人数据保护框架》为基础，

---

① Azha Putra, "Is ASEAN Doing Enough to Address Cybersecurity Risks?" The Diplomat, March 6, 2018, https://thediplomat.com/2018/03/is-asean-doing-enough-to-address-cybersecurity-risks/.

② Candice Tran Dai and Miguel Alberto Gomez, "Challenges and Opportunities for Cyber Norms in ASEAN", *Journal of Cyber Policy*, Vol. 3, No. 2, 2018, pp. 224.

③ "The 1st ASEAN Digital Ministers' Meeting and Related Meetings Joint Media Statement", ASEAN, January 22, 2021, https://asean.org/wp-content/uploads/16-ADOPTED _ Joint _ Media _ Statement_of_the_1st_ADGMIN_cleraed.pdf.

④ 参见 "ASEAN Telecommunications and Information Technology Ministers Meeting（TELMIN）Framework on Digital Data Governance", ASEAN, November 26, 2016, https://asean.org/storage/2012/05/6B-ASEAN-Framework-on-Digital-Data-Governance_Endorsedv1.pdf。

⑤ "ASEAN Telecommunications and Information Technology Ministers Meeting（TELMIN）Framework on Personal Data Protection", ASEAN, https://asean.org/wp-content/uploads/2012/05/10-ASEAN-Framework-on-PDP.pdf.

⑥ 参见 "ASEAN Telecommunications and Information Technology Ministers Meeting（TELMIN）Framework on Personal Data Protection", ASEAN, https://asean.org/wp-content/uploads/2012/05/10-ASEAN-Framework-on-PDP.pdf。

协调区域内的数据管理和跨境数据流动标准，是东盟开展个人数据保护的重要举措。① 东盟还不断在网络安全机构建设上寻求创新，优化域内网络安全规则。在首次东盟数字部长会议及相关会议上，东盟成员国欢迎建立东盟计算机应急小组信息交流机制，作为未来东盟计算机应急小组的核心组成部分，以在现有成员国的国家计算机应急小组之间建立正式交流机制，制定更多的东盟网络安全合作倡议性规则。②

第三，在构建技术标准层面，多机构分工合作且目标明确。东盟主要通过电信行业的区域性多边机制开展网络技术标准的构建。东盟电信和信息技术部长会议、东盟电信监管理事会和东盟电信和信息技术高级官员会议（TELSOM）是电信行业主要的治理机制。③ 在东盟的数字产业发展战略中，制定可靠且适用的技术标准是重要目标。东盟强调在未来电信行业建设可持续的技术标准。在智慧城市、物联网、大数据等前沿技术产业领域，东盟力图尽快建立统一的技术标准，希望通过信息通信技术标准建设，促进东盟内部信息、通信技术、人力资本的有效流动。④ 在网络安全层面，东盟正着手构建网络安全最低通用标准，以确保整个东盟网络处于完备和完整状态。⑤ 东盟通过开展 ICT 技能标准定义与认证（ASEAN ICT Skill Standards Definition and Certification）项目，涉及软件开发、信息产业项目管理、云计算、信息系统和互联网安全、移动计算等

---

① "The 1st ASEAN Digital Ministers' Meeting and Related Meetings Joint Media Statement", ASEAN, January 22, 2021, https：//asean. org/wp-content/uploads/16-ADOPTED _ Joint _ Media _ Statement_of_the_1st_ADGMIN_cleraed. pdf.

② 参见 "The 1st ASEAN Digital Ministers' Meeting and Related Meetings Joint Media Statement", ASEAN, January 22, 2021, https：//asean. org/wp-content/uploads/16-ADOPTED _ Joint _ Media _ Statement_of_the_1st_ADGMIN_cleraed. pdf。

③ 上述机构中，东盟电信和信息技术部长（TELMIN）会议与电信和信息技术高级官员会议（TELSOM）已分别更名为东盟数字部长会议（ASEAN Digital Ministers Meeting，ADGMIN）和数字高级官员会议（ASEAN Digital Senior Officials Meeting，ADGSOM），参见 "ASEAN Cybersecurity Cooperation Strategy（2021 – 2025）", ASEAN, January 28, 2022, https：//asean. org/wp-content/uploads/2022/02/01-ASEAN-Cybersecurity-Cooperation-Paper-2021 – 2025_final-23 – 0122. pdf。

④ 参见 "The ASEAN ICT Masterplan 2020", ASEAN, https：//www. asean. org/storage/images/2015/November/ICT/15b% 20—% 20AIM% 202020_Publication_Final. pdf。

⑤ "The ASEAN ICT Masterplan 2020", ASEAN, https：//www. asean. org/storage/images/2015/November/ICT/15b% 20—% 20AIM% 202020_Publication_Final. pdf。

方面，努力建立一套技能认证的标准化系统。① 东盟成员国官员也建议东盟与各国及私营部门开展合作，围绕5G、物联网等领域开发和实施网络安全标准。②

因此，东盟的网络空间区域规范制定在打击网络犯罪与网络恐怖主义、网络安全、数字技术标准等多个领域取得了进展，提供了一系列制度性区域公共产品，提升了成员国的网络治理能力与发展水平。

二 形成区域层面协商合作机制

东盟积极开展各种论坛形式的协商机制，鼓励成员国形成良性且机制化的沟通渠道。通过各类多边机制建设，东盟召集成员国政府以及各类私营部门共同开展对话与合作，分享前沿技术信息，提供新兴数字技术标准以及技术监管等政策议题的建设方案，提升东盟各成员国在网络安全等关键问题上的认知水平。③ 东盟现已形成多个并行会议机制，促使组织内成员与域外攸关方共同沟通协调。

其一，此前的东盟电信和信息技术部长会议及之后的东盟数字部长会议（ADGMIN）是其制定域内规范的重要区域协作机制。第一届东盟电信和信息技术部长会议于2001年举行，该会议负责数字东盟建设中的技术领域议题。2003年9月举行的第三次东盟电信和信息技术部长会议通过了《新加坡宣言》。该宣言旨在为东盟创造数字机遇，提升东盟整体竞争力。④ 该机制有力推动了东盟成员国就数字产业议题开展沟通协商。伴随数字技术的蓬勃发展，东盟因势而动，及时优化内部协商机制，更名

① "ICT Masterplan 2015 Completion Report", ASEAN, December 2015, https：//www. asean. org/storage/images/2015/December/telmin/ASEAN%20ICT%20Completion%20Report. pdf.

② Amit Roy Choudhury, "What the World can Learn from ASEAN's Cyber Cooperation", GovInsider, November 15, 2021, https：//govinsider. asia/resilience/what-the-world-can-learn-from-aseans-cyber-cooperation-amit-roy-choudhury/.

③ "ASEAN Telecommunications and Information Technology Ministers Meeting (TELMIN) Framework on Digital Data Governance", ASEAN, November 26, 2016, https：//asean. org/storage/2012/05/6B-ASEAN-Framework-on-Digital-Data-Governance_Endorsedv1. pdf.

④ ASEAN Telecommunications and IT Ministers Meeting (TELMIN), "Overview", ASEAN, https：//asean. org/asean-economic-community/asean-telecommunications-and-it-ministers-meeting-telmin/overview/.

后的东盟数字部长会议分别于 2021 年和 2022 年举行了两次会议，努力推动东盟成为数字共同体，强调数字技术在东盟区域数字化转型中的关键作用，成员国的联合及加强与域外大国和关键国际机构协作的重要意义。① 基于这些机制，相关声明、宣言、规划、协议等文件的发布有力提升了东盟规范制定水平，为数字产业整体发展设立了可行目标。

其二，东盟网络安全部长级会议（AMCC）是东盟专门就网络安全议题进行协商讨论的会议机制，2016 年起每年举办。这虽是东盟临时且非正式的网络安全治理平台，但构建网络规则是其重要目标，也推进区域规则与联合国规则良好对接。面对东盟数字产业的蓬勃发展，成员国通过该会议机制表达以规则为基础的网络空间对推动经济进步和提高生活水平的重要性，原则上同意国际法、国家行为规范以及信任措施对网络空间稳定和未来发展的重要性，② 并支持围绕构建基本、可操作且自愿的行为准则进行讨论，指导数字产业建设，③ 该机制也积极推进内化联合国的决议，通过关键信息基础设施保护来加强区域网络弹性。④

其三，借助东盟地区论坛，东盟成员国以声明、计划等形式达成多项规范性文件。早在 2006 年，第 13 届东盟地区论坛就通过《关于合作打击网络攻击和恐怖分子滥用网络空间的声明》，为成员国的国内相关法规建设提供指导，强调成员国共同努力提升打击网络犯罪的能力。⑤ 2012年，第 19 届东盟地区论坛通过《在确保网络安全方面开展合作的声明》，

①　"The 1st ASEAN Digital Ministers' Meeting and Related Meetings Joint Media Statement"，ASEAN，January 22，2021，https：//asean. org/wp-content/uploads/16-ADOPTED_Joint_Media_State-ment_of_the_1st_ADGMIN_cleraed. pdf；"The 2nd ASEAN Digital Ministers' Meeting and Related Meet-ings"，ASEAN，January 28，2021，https：//asean. org/wp-content/uploads/2022/01/2nd-ADGMIN-Joint-Media-Statement. pdf.

②　"Chairman's Statement of the 3rd ASEAN Ministerial Conference on Cybersecurity"，ASEAN，Sep-tember 19，2018，https：//asean. org/storage/2018/09/AMCC-2018-Chairmans-Statement-Finalised. pdf.

③　"Chairman's Statement of the 2nd ASEAN Ministerial Conference on Cybersecurity"，ASEAN，September 18，2017，https：//asean. org/wp-content/uploads/2012/05/2nd-AMCC-Chairmans-State-ment-cleared. pdf.

④　"Chairman's Statement of the 3rd ASEAN Ministerial Conference on Cybersecurity"，ASEAN，September 19，2018，https：//asean. org/storage/2018/09/AMCC-2018-Chairmans-Statement-Finalised. pdf；"ASEAN Ministers Discuss Rules-based Cyberspace，CII Protection at 5th AMCC"，ASEAN，ht-tp：//www. xinhuanet. com/english/asiapacific/2020 – 10/07/c_139424479. htm.

⑤　肖莹莹：《地区组织网络安全治理》，时事出版社 2019 年版，第 107 页。

加强信息通信技术安全的区域合作，其目的是通过提升域内各国之间的
信任、信心和能力建设，促进形成和平、安全、开放与合作的信息通信
技术环境，避免冲突和危机的出现。① 2015 年，东盟地区论坛通过《关
于信息通信技术及其使用安全的工作计划》，这是对 2012 年所达成声明
的落实。② 这一工作计划强调成员国以工作坊等形式，围绕分享信息通信
技术规则制定经验、共同提升能力建设等方面开展沟通协作。③

关于治理模式，东盟虽未强调以及突出利益攸关方理念的指导意义，
但在各类倡议、行动计划等官方文件中多次就执法合作、数据隐私保护、
基础设施建设等具体议题提及利益攸关方。可见东盟认可非国家行为体
在网络规范制定中的作用，希望非国家行为体能够与政府进行协商与合
作。东盟致力于与各类伙伴以及行业成员开展政策和监管协商，以增加
商业活动和投资，吸引私营部门的参与，④ 共同开发优质的 ICT 基础设施
和服务，提高自身竞争力，推动东盟共同体建设。⑤ 在信息社会世界峰会
等国际场合，东盟也强调多利益攸关方模式的重要性。

由此可见，东盟积极利用多个协商会议机制制定网络规范。首先，这些
会议机制推动东盟网络规范制定，助力东盟区域一体化建设；其次，这些机
制促进东盟作为一个整体参与到联合国等全球层面的多边平台之中，维护东
盟的整体利益；最后，这些会议机制也基本支持现有的多利益攸关方模式，

① "Concept Paper for the Establishment of ASEAN Regional Forum Inter-Sessional Meeting on Se-
curity of and in the Use of Information and Communications Technologies（ARF ISM on ICTs Security）",
ASEAN Regional Forum, https：//aseanregionalforum. asean. org/wp-content/uploads/2019/08/55d. -
Concept-Paper-on-ARF-ISMs-on-ICT. pdf.

② 参见肖莹莹《地区组织网络安全治理》，时事出版社 2019 年版，第 109 页。

③ "ASEAN Regional Forum Work Plan on Security of and in the Use of Information and Communi-
cations Technologies（ICTs）", ASEAN, May 7, 2015, https：//aseanregionalforum. asean. org/wp-
content/uploads/2018/07/ARF-Work-Plan-on-Security-of-and-in-the-Use-of-Information-and-Communica-
tions-Technologies. pdf.

④ "The 16th ASEAN Telecommunications and Information Technology Ministers Meeting and Relat-
ed Meetings Joint Media Statement", ASEAN, November 26, 2016, https： //asean. org/wp-content/
uploads/2012/05/TELMIN-16-JMS-Final-cleared. pdf.

⑤ "The 15th ASEAN Telecommunications and Information Technology Ministers Meeting and Relat-
ed Meetings Joint Media Statement", ASEAN, November 27, 2015, https：//www. asean. org/wp-con-
tent/uploads/images/2015/November/statement/15% 20—% 20TELMIN-15-JMS% 20—% 20darft% 2025
112015% 20CN% 20JP% 20KR% 20IN% 20US% 20ITU_FINAL. pdf.

体现出东盟注重私营机构等非国家行为体在构建网络规范中的作用。

三　新加坡的领导作用

东盟的数字产业发展离不开新加坡的带动。东盟成员国之间数字产业发展极不均衡，其中，新加坡互联网普及率最高，达到89%（截至2023年3月）。作为2021年国际电信联盟全球网络安全指数（GCI）排名第四的国家，[①] 新加坡的数字产业发展及网络空间治理能力一直在东盟遥遥领先，这使其能在东盟区域网络规范制定中扮演重要角色。新加坡认为基于规则的网络空间对于保护东盟成员国的国家安全至关重要，[②] 在技术水平、治理能力以及国家意愿方面均积极推进东盟在区域层面构建网络规范。2016年东盟网络安全部长级会议召开期间，在新加坡的积极协调与推动下，东盟成员国就共同建立一套具有实际意义的网络安全规范达成了一致，东盟网络规范制定正式启动。[③]

就网络安全议题而言，基于东盟各成员国对于网络安全环境的需要，在2019年第四届东盟网络安全部长级会议（AMCC）上，新加坡在东盟成员国的支持下，起草了东盟网络安全协调机制文件。[④]

就机构建设而言，新加坡于2019年10月启动了东盟—新加坡网络安全卓越中心（ASCCE），以协调一致的方式推进能力建设。[⑤] 该机构的职

---

① 参见 International Telecommunication Union Development Sector, "Global Cybersecurity Index 2020", ITU Publications, 2021, https://www.itu.int/dms_pub/itu-d/opb/str/D-STR-GCI.01-2021-PDF-E.pdf.

② Benjamin Ang, "32 Singapore A Leading Actor in ASEAN Cybersecurity", in Scott N. Romaniuk and Mary Manjikian, eds., *Routledge Companion to Global Cyber-Security Strategy*, London and New York: Routledge, 2021, p. 382.

③ 参见 Keiko Kono, "ASEAN Cyber Developments: Centre of Excellence for Singapore, Cybercrime Convention for the Philippines, and an Open-Ended Working Group for Everyone", NATO CCD COE, https://ccdcoe.org/incyder-articles/asean-cyber-developments-centre-of-excellence-for-singapore-cybercrime-convention-for-the-philippines-and-an-open-ended-working-group-for-everyone/。

④ Cyber Security Agency of Singapore, "ASEAN Member States Agree to Move Forward on a Formal Cybersecurity Coordination Mechanism", October 2, 2019, https://www.csa.gov.sg/news/press-releases/amcc-release-2019.

⑤ "ASEAN Cybersecurity Cooperation Strategy (2021 – 2025)", ASEAN, January 28, 2022, https://asean.org/wp-content/uploads/2022/02/01-ASEAN-Cybersecurity-Cooperation-Paper-2021 – 2025_final-23 – 0122.pdf.

能在于围绕国际法、网络战略、网络立法、网络规范和其他网络安全政策的议题领域开展研究并提供培训。①

就国防合作而言，新加坡提议成立东盟国防部长会议（ADMM）网络安全和信息卓越中心（Cybersecurity and Information Centre of Excellence），该机构于2021年6月得到第15届ADMM批准成立，旨在加强东盟国防机构在网络安全和信息领域的区域合作。② 2018年担任东盟轮值主席国期间，新加坡推动了东盟大部分的网络安全议程，投入大量资源提升区域网络空间运营、政策和法规制定能力，推进与联合国、全球网络空间稳定委员会等多利益攸关方的伙伴关系，促进东盟支持参与联合国的网络规范相关机制。③ 作为东盟信息技术最发达的国家，新加坡一直坚持与成员国就相关国际法的适用性、负责任国家的网络空间行为等网络规范议题进行讨论，良性效果正在显现。④

可见，从推进各类具体议题规范的生成，到域内协作机制的建设，以及域内主导国新加坡积极发挥领导力，东盟的网络规范取得了积极成效，成为研究地区性国际组织构建网络规范的重要代表。

第三节 东盟在构建网络空间国际规范中的作用

围绕网络规范制定，东盟高度重视与域外国家和国际组织的协作。例如，以数字部长会议为主导机制，东盟借助域外行为体的技术和理念

---

① "ASEAN-Singapore Cybersecurity Centre of Excellence", Cyber Security Agency of Singapore, October 6, 2021, https：//www.csa.gov.sg/News/Press-Releases/asean-singapore-cybersecurity-centre-of-excellence.

② "ASEAN Cybersecurity Cooperation Strategy（2021 – 2025）", ASEAN, January 28, 2022, https：//asean.org/wp-content/uploads/2022/02/01-ASEAN-Cybersecurity-Cooperation-Paper-2021 – 2025_final-23 – 0122.pdf.

③ 参见 Nirmal Ghosh, "Singapore's Cyber Security Chief Says International Norms, Partnerships Are Key Issues", The Strait Times, April 23, 2019, https：//www.straitstimes.com/singapore/singapores-cyber-security-chief-says-international-norms-partnerships-are-key-issues。

④ Elina Noor, "ASEAN Takes a Bold Cybersecurity Step", The Diplomat, October 4, 2018, https：//thediplomat.com/2018/10/asean-takes-a-bold-cybersecurity-step/.

优势，推动本地区数字产业发展，提升东盟构建网络规范的能力。

一　积极对接由联合国构建的网络空间宏观规则

东盟在构建网络空间宏观规则上注重与联合国的相关规则相契合，并与联合国框架内的机构积极合作。近年来，联合国通过信息安全政府专家组等机构召集诸多国家共同构建网络空间普遍性规则，在世界范围内形成了一定共识。东盟在相关声明、倡议中认可并力图在构建区域规则中遵循联合国所达成的共识性原则，积极吸收、内化联合国推出的网络规则。2017 年，第二届东盟网络安全部长级会议主席声明明确表示，东盟注意到联合国信息安全政府专家组在 2015 年共识性文件中提出的建议。[①] 东盟原则上认可 2015 年联合国信息安全政府专家组所达成的原则共识，东盟也是第一个原则上同意上述共识的地区性国际组织。[②] 东盟还多次重申开放式工作组作为联合国机构开展网络规范制定的重要性，认为该工作组给予所有会员国平等参与协商进程的宝贵机会。东盟在 2021 年开放式工作组会议上也明确认可国际法，特别是《联合国宪章》适用于网络空间，国家主权和源于主权的国际规范和原则适用于国家开展的信息通信技术相关活动及其对境内信息通信技术基础设施的管辖权。[③] 因而，东盟肯定联合国在构建网络规则方面的主导作用，在域内规则制定中也一直试图与联合国共识性文件保持一致。

此外，国际电信联盟在产业监管、网络安全、频谱管理、儿童在线

---

① 参见 "Chairman's Statement of the 2nd ASEAN Ministerial Conference on Cybersecurity", ASEAN, September 18, 2017, https：//asean. org/wp-content/uploads/2012/05/2nd-AMCC-Chairmans-Statement-cleared. pdf。

② "ASEAN Cybersecurity Cooperation Strategy（2021 – 2025）", ASEAN, January 28, 2022, https：//asean. org/wp-content/uploads/2022/02/01-ASEAN-Cybersecurity-Cooperation-Paper-2021 – 2025_final-23 –0122. pdf。

③ "Statement on Behalf of the Association of Southeast Asian Nations（ASEAN）Delivered by H. E. Noor Qamar Sulaiman ambassador and Permanent Representative of Brunei Darussalam to the United Nations at the First Substantive Session of the Open-ended Working Group on Security of and in The Use of Information and Communications Technologies（2021 – 2025）", ASEAN, December 13, 2021, https：//documents. unoda. org/wp-content/uploads/2021/12/ASEAN-Statement-OEWG-First-Substantive-131221. pdf。

保护、智能城市建设、5G 生态系统等技术领域给予东盟支持。① 东盟和国际电信联盟还签署了信息技术发展合作谅解备忘录，共同制定《国际电联—东盟下一代普遍服务义务框架》《国际电联—东盟儿童在线保护框架：与产业界合作》等可行规则。② 东盟参与到联合国等全球性多边网络空间治理机制中，不仅有助于提高其构建规范的能力，也有利于维护其在全球性网络规范制定中的整体利益。

二 积极与域外国家开展协商合作

美国、中国、日本与欧盟等国家（地区）作为参与网络空间国际规范制定的重要行为体，一直是东盟的主要合作伙伴，东盟与上述域外大国或国际组织达成了诸多重要协定。

美国在数字产业一直对东盟予以援助，涉及频谱管理、网络安全、电子商务等多个领域，通过《东盟—美国 ICT 工作计划》，提升数字经济方面的合作与能力建设。③ 在第 19 届东盟电信与信息部长会议上，双方建立了数字经济、数字贸易、下一代网络等一系列新的合作机制。④ 在

---

① 参见 "The 16th ASEAN Telecommunications and Information Technology Ministers Meeting and Related Meetings Joint Media Statement", ASEAN, November 26, 2016, https：//asean. org/wp-content/uploads/2012/05/TELMIN-16-JMS-Final-cleared. pdf；"The 15th ASEAN Telecommunications and Information Technology Ministers Meeting and Related Meetings Joint Media Statement", ASEAN, November 27, 2015, https：//www. asean. org/wp-content/uploads/images/2015/November/statement/15％20—％20TELMIN-15-JMS％20—％20darft％2025112015％20CN％20JP％20KR％20IN％20US％20ITU_FINAL. pdf。

② 参见 "The 15th ASEAN Telecommunications and Information Technology Ministers Meeting and Related Meetings Joint Media Statement", ASEAN, November 27, 2015, https：//www. asean. org/wp-content/uploads/images/2015/November/statement/15％20—％20TELMIN-15-JMS％20—％20darft％2025112015％20CN％20JP％20KR％20IN％20US％20ITU_FINAL. pdf；"The 19th ASEAN Telecommunications and Information Technology Ministers Meeting and Related Meetings Vientiane, Lao PDR, Joint Media Statement", ASEAN, October 25, 2019, https：//asean. org/wp-content/uploads/2021/09/A-DOPTED-TELMIN-19th-TELMIN-JMS-. pdf。

③ "The 17th ASEAN Telecommunications and Information Technology Ministers Meeting and Related Meetings Joint Media Statement", ASEAN, December 1, 2017, https：//asean. org/storage/2012/05/14-TELMIN-17-JMS_adopted. pdf.

④ "The 19th ASEAN Telecommunications and Information Technology Ministers Meeting and Related Meetings Vientiane, Lao PDR, Joint Media Statement", ASEAN, October 25, 2019, https：//asean. org/wp-content/uploads/2021/09/ADOPTED-TELMIN-19th-TELMIN-JMS-. pdf.

2019 年美国与东盟首届网络政策对话会上，各方确认了对联合国网络规则制定的支持。① 2021 年，在首届东盟数字部长会议及相关会议上，东盟成员国赞赏美国在数字连接和网络安全伙伴关系（DCCP）下提供的持续援助，欢迎在美国—东盟商业理事会（US-ASEAN Business Council）、东盟—美国数字政策协商论坛（ASEAN-US Digital Policy Consultative Forum）等机制下开展合作。② 美国与东盟还于 2021 年 10 月发布关于数字发展的声明，就个人数据保护的监管框架和技术标准交换意见，分享经验。③ 美国与东盟还通过一年一度的美国—东盟网络政策对话（U. S. -ASEAN Cyber Policy Dialogue）讨论负责任的网络空间国家行为规范。通过东盟数字部长会议和数字高官会议，在《东盟—美国数字工作计划》（ASEAN-U. S. Digital Work Plan）下，美国与东盟推进人工智能、网络安全、打击在线诈骗等方面开展合作，并在 5G、开放无线接入网（Open Radio Access Networks，RAN）、云和海底电缆上推进安全、可靠和开放的互联网和信息通信技术生态系统。④

　　中国与东盟在网络空间国际规范对话及协作中取得了一系列成果，在对话机制建设上，东盟十国每年轮流在东盟国家举行东盟电信和信息技术部长会议，同期召开对话伙伴国 + 东盟电信和信息技术部长会议。2006 年起，中方作为对话伙伴开始与东盟举行中国—东盟电信和信息技术部长会议。2020 年起，随着东盟电信和信息技术部长会议更名为东盟数字部长会议，与对话伙伴国的会议也随之更名。⑤ 2022 年召开的第二次

① "Co-Chairs' Statement on the Inaugural ASEAN-U. S. Cyber Policy Dialogue", Office of the Spokesperson U. S. Department of State, October 3, 2019, https：//2017 – 2021. state. gov/co-chairs-statement-on-the-inaugural-asean-u-s-cyber-policy-dialogue/index. html.

② "The 1st ASEAN Digital Ministers' Meeting and Related Meetings Joint Media Statement", ASEAN, January 22, 2021, https：//asean. org/wp-content/uploads/16-ADOPTED _ Joint _ Media _ Statement_of_the_1st_ADGMIN_cleraed. pdf.

③ "ASEAN-U. S. Leaders' Statement on Digital Development", The White House, October 27, 2021, https：//www. whitehouse. gov/briefing-room/statements-releases/2021/10/27/asean-u-s-leaders-statement-on-digital-development/.

④ Office of the Spokesperson, "The United States-ASEAN Relationship", U. S. Department of State, https：//www. state. gov/the-united-states-asean-relationship – 3/.

⑤ 中华人民共和国工业和信息化部：《中国—东盟数字部长会议简介》，2022 年 5 月 13 日，https：//www. miit. gov. cn/jgsj/gjs/hzjzlw/art/2022/art_b4e3c224a6cf490580c0415dfafa37fb. html。

中国—东盟数字部长会议通过了《落实中国—东盟数字经济合作伙伴关系行动计划（2021—2025）》和《2022年中国—东盟数字合作计划》，双方就加强数字政策对接、新兴技术、数字技术创新应用、数字安全、数字能力建设合作等达成共识。① 中国和东盟在参与网络空间国际规则制定上呈现出多议题、宽领域的合作态势，双方围绕网络安全政策协调、数字监管、打击网络犯罪等议题开展密切对话。中国提出的《全球数据安全倡议》得到东盟的高度重视，中国还以《区域全面经济伙伴关系协定》（RCEP）自贸谈判为契机，将数据跨境流动的中国方案嵌入 RCEP 中，并被东盟所接受。② 在标准制定上，中国—东盟国际标准化论坛旨在为中国与东盟各国政府、商界、学术界加强标准化合作、提高国际标准化水平提供交流平台，论坛还邀请国际标准化组织、国际电工委员会等机构共同推进各方在标准化领域的合作。③

日本对东盟数字产业一直予以资金援助，双方举行各类交流活动，建立了东盟—日本网络安全合作中心（ASEAN-Japan Cybersecurity Cooperation Hub）。2016 年，东盟和日本发布了第三版《关键信息基础设施保护指南》，这是两国信息安全协作框架建设的重要成果。④ 双方还多次通过不同年度的《东盟—日本信息通信技术工作计划》，助力东盟总体规划的实施。⑤

---

① 中华人民共和国工业和信息化部：《张云明出席第二次中国—东盟数字部长会议》，2022 年 1 月 29 日，https：//www. miit. gov. cn/jgsj/gjs/gzdt/art/2022/art_18ffee548cda411bb33e7f0a99fb 2084. html。

② 参见蒋旭栋《中国与东盟开展数据跨境规则合作的现状与挑战》，《中国信息安全》2021 年第 2 期。

③ 参见《第二届中国—东盟国际标准化论坛召开》，中华人民共和国中央人民政府，2021 年 9 月 12 日，https：//www. gov. cn/xinwen/2021 – 09/12/content_5636868. htm。

④ "The 16th ASEAN Telecommunications and Information Technology Ministers Meeting and Related Meetings Joint Media Statement", ASEAN, November 26, 2016, https：//asean. org/wp-content/uploads/2012/05/TELMIN-16-JMS-Final-cleared. pdf；The 9th ASEAN-Japan Information Security Policy Meeting, "CIIP Guidelines Ver. 3. 0", October 20, 2016, https：//asean. org/wp-content/uploads/2012/05/01-CIIP-Guidelines-Ver3. 0. pdf。

⑤ "The 17th ASEAN Telecommunications and Information Technology Ministers Meeting and Related Meetings Joint Media Statement", ASEAN, December 1, 2017, https：//asean. org/storage/2012/05/14-TELMIN-17-JMS_adopted. pdf；"The 1st ASEAN Digital Ministers' Meeting and Related Meetings Joint Media Statement", ASEAN, January 22, 2021, https：//asean. org/wp-content/uploads/16-ADOPTED_Joint_Media_Statement_of_the_1st_ADGMIN_cleraed. pdf.

双方在制定统一设备标准、基础设施联合研发与标准化建设等领域也有合作。日本作为域外国家，参加了从 2018 年开始举办的"东盟地区论坛闭会期间关于 ICT 使用安全会议"，建立开放式研究组，讨论建立信任的措施并加以推广。①

东盟与欧盟通过《增强东盟—欧盟区域对话合作文件》（*Enhanced Regional EU-ASEAN Dialogue Instrument*，E-READI）中的数字信息计划开展合作。② 双方在《东盟—欧盟行动计划（2018—2022）》中也提出要共同探讨制定透明一致的信息通信技术监管框架。③ 东盟还与欧盟发布网络安全合作声明，强调基于规则的网络安全秩序的重要性。④ 在数据规则方面，2016 年《东盟个人数据保护框架》和 2018 年《东盟数字数据治理框架》是建立适用于欧盟和东盟的基于数据保护和隐私监管的关键。东盟在《2025 年数字总体规划》（*Digital Masterplan 2025*）中提出确保亚太经合组织（APEC）的跨境隐私规则（Cross-Border Privacy Rules，CBPR）和欧盟的通用数据保护条例（General Data Protection Regulation，GDPR）的标准互通，以便东盟和欧盟两个地区能自由地共享数据。⑤

可见，与域外国家及主要国际组织的协作是东盟融入全球性网络规范制定中的重要方式。积极的影响为东盟在开展网络空间国际合作层面积极主动，通过达成各类协定，努力构建不同层级的多元规范。东盟在与域外国家及国际组织协作中提升了成员国的网络治理水平，积极弥补

---

① 参见 "ARF Inter-Sessional Meeting on Security of and in the Use of Information and Communication Technologies（ICTs）and 1st ARF-ISM on ICTs Security"，Ministry of Foreign Affairs of Japan，April 26，2018，https：//www. mofa. go. jp/press/release/press4e_002011. html；"The 3rd ARF Inter-Sessional Meeting on ICTs Security"，Ministry of Foreign Affairs of Japan，April 29，2021，https：//www. mofa. go. jp/press/release/press1e_000189. html。

② "The 16th ASEAN Telecommunications and Information Technology Ministers Meeting and Related Meetings Joint Media Statement"，ASEAN，November 26，2016，https：//asean. org/wp-content/uploads/2012/05/TELMIN-16-JMS-Final-cleared. pdf。

③ "ASEAN-EU Plan of Action（2018 – 2022）"，ASEAN，https：//asean. org/wp-content/uploads/2017/08/ASEAN-EU-POA-2018 – 2022-Final. pdf。

④ "ASEAN-EU Statement on Cybersecurity Cooperation"，ASEAN，2019，https：//asean. org/wp-content/uploads/2021/09/ASEAN-EU-Statement-on-Cybersecurity-Cooperation-FINAL. pdf。

⑤ Maaike Okano-Heijmans，Henry Chan and Brigitte Dekker，"Growing Stronger Together Towards an EU-ASEAN Digital Partnership?" Clingendael Report，February 2022，https：//www. clingendael. org/sites/default/files/2022 – 02/Growing%20stronger%20together. pdf。

了东盟成员国之间的"数字鸿沟",提高了自身在网络空间国际规范合作中的能力,也有利于维护其在构建全球规范中的整体利益。

但在这一过程中,东盟也面临一系列问题。一方面,大国科技竞争对东盟产生不利影响。随着 2017 年以来美国对华战略竞争的加剧,美国通过建立一系列"技术联盟"等形式谋求在高科技领域遏制中国,东盟则成为美国拉拢的重要对象。美国通过多元化的双边对话与协作机制影响东盟的网络空间政策。但同时,中国与东盟无论是在战略协作还是经贸往来层面联系愈发密切,双边数字产业协作日益深入,东盟对中国也存在紧密的战略合作需求。因而东盟在构建网络空间军事化、网络安全、数字经济、跨境数据流动层面的国际规范日益受到大国竞争的影响,存在出现"战略两难"的可能。

另一方面,东盟与域外主要国家形成的各类网络对话与协作机制有效性存疑。纵观东盟与域外国家建立的各类不同形式的双边规范性框架协定,涉及的具体议题多元,但规范相对过剩的情况很大程度会导致不同规范间的相互竞争。东盟庞大的市场以及巨大的发展潜力能够积极吸引域外行为体推进域外网络规范在东盟的推广,不同域外行为体之间以及各类规范框架之间引发的竞争使东盟更多是在接受、内化域外大国及国际组织制定的规范准则。未来东盟需要更深入地从自身区域特质出发,构建适用于发展中国家数字产业繁荣的本土化区域规范,进而为其他区域层面网络规范制定形成良好的示范效应。

第四节　地区性国际组织网络空间国际规范建设方略

区域层面的网络空间国际规范建设是网络空间国际规范构建的重要组成部分,在很大程度上为全球层面的规范制定提供了新的前进方向。全球性的政府间与非政府国际组织在网络空间国际规范建设中注重国际社会的整体收益,难以对各地区的利益进行充分考量。地区性国际组织在区域层面弥补了全球性网络空间国际规范建设的不足。一方面,地区性国际组织努力建设更符合成员国实际情况与本组织整体利益的国际规范,从而在区域层面构建可靠的国际规范与运作机制体系;另一方面,地区性国际组织也应当注重全球性国际组织所构建的国际规范，寻求将全球性规范与区域层面网络规范相结合，使自身成为连接国家与全球性国际组织的中间平台。

一　成为对接构建国内与全球性网络规范的平台

网络空间国际规范建设由内到外存在三个层级。如图6－1所示，最内层级是网络空间国内法规与技术标准，这由政府部门制定，实施范围也仅限所辖范围之内。中间层级是区域化即次全球性网络空间国际规范，主要指地区性国际组织所构建的国际规范，由成员国协商制定并得到遵守。但这一规范的实施范围未能覆盖全球其他国家及地区。最外层级即由联合国、ISO等政府间与非政府国际组织构建的全球性网络空间国际规范，既包括与国际政治、经济等领域相关的应用性宏观规则，也包括全球性技术标准。其适用范围基本覆盖全球所有的国家与地区，并得到绝大部分非国家行为体的认可。

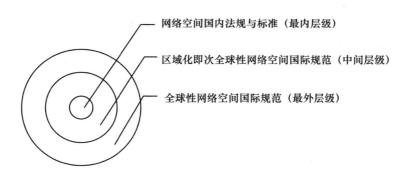

网络空间国内法规与标准（最内层级）

区域化即次全球性网络空间国际规范（中间层级）

全球性网络空间国际规范（最外层级）

图6－1　网络空间国际规范各层级架构

资料来源：笔者自制。

地区性国际组织处于主权国家内部规范与全球性网络规范之间的中间层级，具备对接这两个层级的作用，亦可称为中间平台。因而，地区性国际组织可从区域层面推动跨国网络空间国际规范建设，共同努力推进区域性网络规范的完善，并在可能的情况下积极推动地区规范上升为全球性规范。

但全球性规范建设面临的困境在于难以协调各国意见，统一共识的形成面临较多阻碍，这在联合国信息安全政府专家组的规则制定过程中得到充分体现。此外，开展技术标准建设的非政府国际组织更多受到西方国家以及发达国家的影响。发展中国家并未获得其应有的地位。上述全球性政府间与非政府国际组织在网络空间国际规范建设中面临的挑战为地区性国际组织提供了发展机遇与空间。地区性国际组织受限于自身属性，成员相对有限，中小国家与发展中国家占据多数，为提出自身诉求提供了更多机会。同时，欧盟、东盟等地区性国际组织也参与联合国等全球性国际组织所组织的网络规范协商讨论之中，努力成为沟通全球性网络规范与国家网络法规的中间平台。

　　不少地区性国际组织已认识到网络规范对各个成员国发展的重要意义。在地区性国际组织中，欧盟作为基本由发达国家组成的地区性国际组织，一体化进程相对成熟，这使区域性网络规范也在稳步发展，形成了一系列在组织内部畅行无阻的准则体系。欧盟成员国互联网等数字技术发展成熟，规范建设能力普遍较强，欧盟组织内部一体化程度相对较高，所构建的区域规范具备一定的约束力。其他地区性国际组织并不具备类似于欧盟这样高程度的一体化水平，且其他各类地区性国际组织成员国在数字经济发展、网络治理能力等方面与欧盟存在一定差距。大多数地区性国际组织成员国发展也不平衡。上述因素的叠加导致大多数地区性国际组织更多通过宣言、声明等方式形成相对松散的规范体系。

　　东盟等主要由发展中国家组成的国际组织日益注重次全球性的网络空间国际规范建设；非盟这一由不发达国家占据多数的地区性国际组织也在区域内部的规范建设中取得一系列成效。这都表明，发展中国家作为网络空间国际规范建设的重要行为体，现已充分认识到数字技术与信息产业发展对国内经济与地区发展的重要意义。这保证了各成员国有意愿和动力就这一议题持续展开讨论。

　　由地区性国际组织所构建的网络规范的最大特质在于其适用范围的次全球性。在组织内部所形成的网络规范体系仅对组织成员具有约束性。因而，面对不同地区经济水平等方面的差异，各类地区性国际组织在构建网络规范层面也呈现不同的发展水平。对于欧盟、东盟等网络治理能力相对成熟的国际组织而言，在构建一套适用于组织内所有成员的网络规范体系的同时，也应当积极推进组织内部成熟的规范准则上升为全球性国际规则。地区性国际组织在推进与全球性国际组织协作的过程中，促使组织内规范与全球规范的共融，这不失为扩大地区性国际组织影响力的一种可行方式。

二　促进组织内部理念与模式的互通

地区性国际组织的设立主要根植于成员国大多处于同一地理范围之内。这种基于地缘因素的国际组织忽略了各国不同的政治制度与意识形态，同时成员国自身综合国力的强弱以及地缘因素也是不同国家参与区域性网络空间国际规范建设的重要考量。因而地区性国际组织在进行规范构建过程中，由于成员国存在差异化的认知，也很容易出现组织内部的争端。针对地区层面网络规范发展所面临的问题，推进成员国理念与模式的融合是较为可行的解决路径。

具体而言，一方面，理念与模式的融合是利益攸关方概念发展以及多利益攸关方模式良性运作的重要保证。地区性网络治理理念作为指导规范建设的重要原则，理念融合有助于地区性国际组织内部形成较为统一的运作模式。地区性国际组织成员大多是发展中国家，对外依赖程度较高，自身的指导理念与运作模式很容易受到大国的影响。这也使得地区性国际组织成员国奉行相似理念与模式的可能性大幅提升。地区性国际组织内成员数量的相对有限在一定程度上保证了模式与理念对接效率与可行性的提升。模式与理念融合需要共有认知的存在，共有认知既根植于各方的政治制度与意识形态，也基于共同利益的扩大。如今，在各类地区性国际组织中，利益攸关方概念与多利益攸关方模式得到了普遍认可。虽然并非所有地区性国际组织都公开表示采用这一模式，但基本上把该理念模式应用到网络规范实际建设中。西方发达国家占据多数的地区性国际组织形成了较为成熟的模式与理念，多利益攸关方模式已在欧盟、美洲国家组织等地区性国际组织中得到了广泛应用。上海合作组织、非洲联盟、阿拉伯国家联盟等非西方主导的国际组织并未公开表示把现有多利益攸关方模式应用到网络规范制定中，组织内部也尚未形成一套符合自身发展现状的内部管理框架。但大体上，利益攸关方概念与多利益攸关方模式已从全球性的国际组织延伸到多个地区性国际组织之中，多利益攸关方模式的广度和宽度得到了增强。网络空间国际规范建设的理念与模式融合能够形成良性循环，推进规范体系建设的成熟。

另一方面，模式与理念的融合在互联网新技术时代意义更加重大。未来，新兴数字技术对国际社会的影响日益上升，为网络空间治理模式与理念的融合带来更广阔的空间。因而在新技术层出不穷的当下，成熟的网络规范对各成员国具有更为重要的意义。这需要在组织内部形成可行治理模式与理念，从而提升规范建设的效率。在人工智能、大数据等新兴技术广泛应用的环境下，网络安全、基础设施以及个人隐私保护等均面临较大威胁。联合国等全球性政府间国际组织面对成员国难以统一的治理理念与差异化的治理偏好，短时间内很难完全形成统一的规则框架。地区性国际组织由于自身成员国数量的限制，形成共识的可能性大为增加，组织内部规范建设为未来全球性规范建设提供了可以借鉴的经验。

因此，理念与模式的融合是地区性国际组织构建规范的重要前提，也是推进多利益攸关方模式与地区性国际组织所进行的网络规范建设更为契合的必要方式。尤其在前沿技术不断发展的当下，维护地区性国际组织及成员的安全、促进区域内数字信息产业共同发展是地区性规范建设的重要目标。

三 提升成员国构建网络空间国际规范的能力

地区性国际组织得以建立，根本上在于各成员国相近的地理位置，而非自身发展水平、政治制度与价值理念。实践过程中，不同的地区性国际组织在规范建设层面所取得的成效与成员国综合国力、经济发展水平等密切相关。因而，通过构建区域统一的规则与标准体系，减少成员国技术发展与规范建设能力差距，在区域整体层面提升成员国网络空间治理水平。

在不同的地区性国际组织中，欧盟互联网整体发展水平较高，成员国具备较强的主权让渡意愿，这使得欧盟网络空间国际规范建设相对成熟，所形成的组织内部规范也具备一定的约束力，能够得到较好执行。地区性国际组织的网络空间国际规范建设覆盖范围相对有限。在先进国家的带动下，地区性国际组织层面的网络空间国际规范建设较容易带动后发成员国，引起相关国家的重视，从而间接提升这些国家的技术水平与规范构建的能力。地区性网络规范的建立不仅有助于保障整体成员国的网络安全，也有利于成员国在国内网络法规制定过程中少走其他国家所走过的弯路。"拿来主义"原则使互联网发展相对落后的成员国能充分借助成熟的地区性网络规范来制定国内网络法规与技术标准。

因此，地区性国际组织所构建的网络规范一方面应当充分保证区域内成员的网络安全，保障有序的网络空间秩序；另一方面，构建统一的、适用于区域的网络规范体系也应当为成员国持续推进互联网等数字技术发展以及各国政府提升规范建设能力奠定基础。

第五节　小结

本章选取东盟作为案例，对地区性国际组织构建网络规范进行深入分析，并提出地区性国际组织未来开展网络空间国际规范建设的可行性建议。网络规范的建立有利于弥合成员国网络技术发展鸿沟与规范建设能力差异，有助于推进地区层面规范一体化建设。

东盟的特色在于多议题的网络空间国际规范建设并举，在区域内形成了相对成熟的多样协作对话机制。在新加坡这一网络空间治理相对成熟的地区性国际组织成员国带动下，东盟的网络空间国际规范建设逐渐完善。因而，地区性国际组织推进规范建设有助于成员国网络空间发展，促进组织内部模式与理念融合，发挥好构建国内网络法规与全球性国际规范协调者的角色。

第 七 章

功能性国际组织与网络空间
国际规范构建

功能性国际组织更多聚焦于经贸、金融、军事、卫生等专业领域。随着网络空间全球性规则制定面临的阻力不断增大以及网络空间与经济、政治、军事、文化、社会等传统治理议题的联系越发密切，功能性国际组织也开始参与构建网络空间国际规范。

第一节 功能性国际组织制定网络空间
国际规范的必要性

功能性国际组织（Functional Organization）是管理学中的重要概念。功能性国际组织侧重于治理领域与目标的高度专业化，与管理学的功能性国际组织概念存在相似性。功能性国际组织聚焦专业化议题，各成员国之间存在共同目标。志同道合的国家借助功能性国际组织就关心的国际问题进行协商讨论。功能性国际组织被定义为在基本不考虑安全因素的情况下推动经济、社会或政治合作的组织。这些组织中大多数是为实现成员国的经济目标而组建的。各成员国通过合作实现了单方面政策无法实现的共同经济优势。[①]

功能性国际组织所参与的全球治理体系，治理客体是各专门领域内的全球性问题，治理途径是通过功能性国际组织制定和执行领域内正式

---

① A. Leroy Bennett and James K. Oliver, *International Organization Principles and Issues*, 7th edition, New Jersey：Pearson, 2001, p. 262.

或非正式的法律和规则并协调有关各方的行动，治理目标是维持各专门
领域内正常的国际秩序。① 近年来，随着网络空间深度介入经贸、政治等
传统治理议题，一些功能性国际组织也开始关注网络空间领域。OECD、
G20、金砖国家、APEC 等一些功能性国际组织在组织内部积极探索构建
可行的且与自身传统治理议题相关的网络规范，并适时在联合国等全球
性的国际平台中提出自己认可的规范准则，以促进规范从组织内部上升
到全球层面。总体而言，功能性国际组织并非网络规范制定的主要参与
者。大部分功能性国际组织在该领域仍处于探索阶段，更多功能性国际
组织在主要从事的经贸、发展等传统治理领域涉及网络空间议题。但功
能性国际组织所提出的部分原则依然对联合国等主要政府间国际组织存
在参考价值，尤其是以经合组织等为代表的、以西方国家为主要成员的
功能性国际组织在构建网络规范方面取得了积极进展。功能性国际组织
在参与构建网络规范上存在以下特点。

　　第一，功能性国际组织能在构建网络规范中与其主要关注的治理领
域紧密融合。功能性国际组织的主要治理议题集中在经贸、基础设施建
设、教育、环境、卫生、农业等传统领域。在 ICT 产业高速发展的背景
下，网络空间国际规范建设与数字经济、跨境执法等传统国际治理领域
的叠加日趋明显。同时教育、卫生等议题也与互联网等数字技术的联系
日益密切。功能性国际组织的存在根植于成员国具备趋于共同或相近目
标，形成了可靠的协作化机制。功能性国际组织成员在传统经贸领域的
深度合作为组织内功能性机制的协调奠定了深厚基础。OECD、G20、金
砖国家等主流功能性国际组织在涉及构建网络规范的领域与自身主流治
理议题联系紧密。一些功能性国际组织通过声明、倡议等形式间接开展
网络空间国际规范建设。

　　第二，主流功能性国际组织能够借助自身所具备的官方特质深入参
与构建专业化的网络空间规则。全球化最终应深入具体的专门领域，如
国际贸易、公共卫生、环境保护等。综合性国际组织很难具备处理各个
专业领域具体事务的技术能力，因而功能性国际组织在专门领域内承担

---

① 熊李力：《专业性国际组织与当代中国外交：基于全球治理的分析》，世界知识出版社
2010 年版，第 68 页。

起了全球治理的责任。① 虽然功能性国际组织一般聚焦相对单一的具体议题，组织成员的数量也相对有限。但由于成员基本为主权国家，功能性国际组织呈现出较为明显的官方特质与权威属性，这使得各方在构建网络规范中希望能够提升所达成共识性文件的执行效力，并通过宣言等形式扩大自身在构建网络规范中的影响力，努力使形成的规范框架在组织内部得到充分执行，力促可行性规范向组织外推广。功能性国际组织的官方属性也保证了各方能够认真执行各类规范准则，吸引组织外国家的参与。基于共同的利益，凭借成员国政府的号召力与执行力，能够有效推进功能性国际组织制定出具备一定执行力度与权威性的国际规范。但同时，主权国家作为功能性国际组织成员国也导致这一类国际组织在网络规范建设中不可避免地受到大国权力博弈等"高政治"议题的影响。例如，各成员国基于对本国利益的维护，尤其是大国往往通过不缴纳会费、不执行组织决议等方式向功能性国际组织施加压力，导致功能性国际组织进退两难，治理效率与公信力降低，治理成本大为增加。②

第三，功能性国际组织亦强调利益攸关方概念在构建网络规范中的重要作用。网络空间国际规范建设作为新兴议题，西方传统网络空间治理理念依旧发挥主导作用，功能性国际组织亦注重非国家行为体的参与。G20 强调数字社会建设需要建立在包括政府、民间社会、国际组织、学术界和企业在内所有利益攸关方之间信任的基础上，也强调私营部门、技术社群和民间社会等利益攸关方及相关国际组织在维护数字经济安全方面的重要作用。③ 一些功能性国际组织对多利益攸关方模式的具体内涵与传统表述有所不同，但总体而言各方对多利益攸关方的理解并不存在本质上的差异。利益攸关方均是指围绕网络空间治理各议题的有关从业者，其中包括自然人个体以及各类社会团体乃至各类国际关系行为体。在各类规范建设框架中，功能性国际组织也多次强调利益攸关方合作的必要

---

① 熊李力：《专业性国际组织与当代中国外交：基于全球治理的分析》，世界知识出版社2010 年版，第 54 页。

② 熊李力《专业性国际组织与当代中国外交：基于全球治理的分析》，世界知识出版社2010 年版，第 63—64 页。

③ "G20 Ministerial Statement on Trade and Digital Economy"，G20，https：//g20.org/pdf/documents/en/Ministerial_Statement_on_Trade_and_Digital_Economy.pdf.

性，并强调这种协作对全球信息与通信产业发展的重要意义。

虽然功能性国际组织的主要任务并非在于网络规范制定，但这一类国际组织普遍具备极强的官方色彩，这决定了功能性国际组织参与网络空间国际规范建设具备不同于其他类别国际组织的优势。大部分功能性国际组织主要治理领域集中于国际经济、可持续发展等议题。面对网络空间对传统领域影响力的提升，功能性国际组织迫切需要介入网络空间国际规范建设之中，在组织内提出符合成员国共有利益的规范，并与联合国等全球层面的相关国际组织就可行性规范建设进行深入对接。现有主流功能性国际组织大多由西方国家倡议并建立，西方价值理念与模式亦发挥较大影响力。因而，发展中国家需要凭借自身在数量与市场规模方面的优势，努力提升自身在功能性国际组织内部的话语权与影响力，推进此类国际组织在理念与模式的演进朝有利于自身方向发展。

第二节　经合组织构建网络空间国际规范的具体措施

经合组织由美、英、法、德、日等 38 个市场经济国家组成，其中西方发达国家占据多数，经贸领域是其参与全球治理的重要议题。随着数字技术与其他领域的交融性逐渐加深，经合组织也就数字经济开展协商讨论。

经合组织早期关注信息通信技术对经济和社会的影响，在 20 世纪 70 年代中期开始出台与信息通信技术相关的政策文件。20 世纪 90 年代以来，经合组织在信息、网络及数字相关领域的安全方面积累了不少经验，包括电子认证、加密政策和关键信息基础设施保护。关于数字技术相关的各类议题，经合组织开展了一系列的规则制定工作。

一　围绕网络安全议题持续推进规则建设

经合组织极为重视网络安全规则建设，从 20 世纪 60 年代信息革命以来，经合组织就开始从事相关的规则制定工作，多年来公布了诸多规范性文件，推动自身规则的"外溢"。早在 1992 年，经合组织就首次提出了信息系统安全准则。经合组织旨在制定安全政策框架，使信息通信技术和数字经济能够抓住新的增长点，促进创新和扩大社会福利。① 经合组织所构建的网络安全规则主要表现在以下四个方面。

第一，经合组织在安全文化层面构建的规范得到广泛"外溢"。2002年7月，经合组织发布了《信息系统与网络安全准则：发展安全文化》（*Guidelines for the Security of Information Systems and Networks*：*Towards a Culture of Security*，以下简称《安全准则》），着重提出构建数字规则需要培育安全文化，即在信息系统和网络的发展过程中重视安全问题，在利用信息系统和网络过程中采用新的思维和行为方式，对不断变化的环境安全迅速做出反应。② 促进安全文化发展的目的在于提高所有参与者对信息系统和网络风险的认识；提升参与者对信息系统与网络以及对其提供与利用方的信心。因而该准则期望能够建立一项通用的参考框架，以协助参与者理解安全问题，并在发展与落实连贯的信息系统与网络安全政策、实践、措施和程序过程中尊重伦理价值观念，促进介入制定和执行标准的所有参与者将安全作为一个重要目标来考虑。③ 这一规则文件在国际社会发挥了较大影响力，深度影响了包括联合国在内的各类国际组织对待数字规则制定的态度。联合国在2002年通过的《关于建立全球网络安全文化的决议》反映出《安全准则》中的九项原则，并邀请会员国和相关国际组织参加。上述进展以及网络安全全球文化也纳入信息社会世界峰会2003年日内瓦进程和2005年突尼斯进程之中。上述原则还出现在欧洲理事会2003年《以欧洲方式建立网络和信息安全文化》决议和APEC 2005年发布的《确保可信、安全和可持续的在线环境战略》之中。④ 可以说经

---

① "Cybersecurity Policy Making at a Turning Point：Analysing a New Generation of National Cybersecurity Strategies for the Internet Economy"，OECD，November 16，2012，https：//www.oecd-ilibrary.org/docserver/5k8zq92vdgtl-en.pdf?expires＝1559775599&id＝id&accname＝guest&checksum＝75B66BEB3E92E91D4C5552CA2BDB796B.

② 《概要 经济合作与发展组织信息系统与网络安全准则 发展安全文化》，经济合作与发展组织，2003年，http：//www.oecd.org/sti/ieconomy/15582284.pdf。

③ "OECD Guidelines for the Security of Information Systems and Networks Towards a Culture of Security"，OECD，July 25，2002，http：//www.oecd.org/sti/ieconomy/15582260.pdf.

④ "Terms of Reference for the Review of the OECD Guidelines for the Security of Information Systems and Networks"，OECD，November 16，2012，https：//read.oecd-ilibrary.org/science-and-technology/terms-of-reference-for-the-review-of-the-oecd-guidelines-for-the-security-of-information-systems-and-networks_5k8zq92zhqhl-en#page1.

合组织在网络安全文化的规则制定上引领了世界的发展。

第二，经合组织及时对相关数字安全规则文件调整升级。2015 年 9 月，经合组织理事会通过了《关于为了经济和社会繁荣的数字安全风险管理的建议》，取代了 2002 年的《安全准则》。① 该建议针对 2002 年以后互联网及数字信息产业的发展，提出新的原则，强调信息通信技术与互联网对关键基础设施与社会经济运作的重要性。② 《关于为了经济和社会繁荣的数字安全风险管理的建议》呼吁政府以及公共和私营组织中最高领导层采用数字安全风险管理方法，建立信任并利用开放的数字环境促进经济和社会繁荣。③ 该建议的发布充分表明，经合组织侧重基于网络信息系统的数字环境的安全，及时制定相应安全规则。

第三，经合组织围绕数字时代的关键基础设施保护制定规则性文件。2019 年 12 月，经合组织通过了《关于重要活动数字安全的建议》。该文件涉及调整总体政策框架、促进和建立基于信任的伙伴关系以及加强国际合作，④ 这一建议性文件于 2021 年 8 月获得数字经济政策委员会批准，开始进入实施阶段。在实施范围上，非经合组织成员的巴西也加入这一建议框架之中。

第四，经合组织就构建打击网络犯罪规则及早着手。2009 年，经合组织出版了《计算机病毒和其他恶意软件：对互联网经济的威胁》，提出更新法律框架、加强执法力度以及扩大数据保护法的应用范围，以应对不断增加的恶意软件攻击。⑤ 可见，经合组织极为重视与网络空间、数字技术相关的安全问题，多年来从战略、执法、信任、文化等多个层面提

---

① "Review of the 2002 Security Guidelines", OECD, September 17, 2015, http：//www. oecd. org/sti/ieconomy/2002-security-guidelines-review. htm.

② "Review of the 2002 Security Guidelines", OECD, September 17, 2015, http：//www. oecd. org/sti/ieconomy/2002-security-guidelines-review. htm.

③ "Digital Security Risk Management for Economic and Social Prosperity：OECD Recommendation and Companion Document", OECD, December 17, 2015, http：//www. oecd. org/sti/ieconomy/digit-al-security-risk-management. pdf.

④ "Recommendation of the Council on Digital Security of Critical Activities", OECD, December 11, 2019, https：//legalinstruments. oecd. org/en/instruments/OECD-LEGAL-0456.

⑤ "Cybercrime Law", OECD, https：//www. cybercrimelaw. net/OECD. html；OECD, *Computer Viruses and Other Malicious Software：A Threat to the Internet Economy*, OECD Publishing, 2009, pp. 189 – 190.

出一系列规则性文件，并积极推进规则的域外适用，规则"外溢"呈现出良好的发展态势。

二 推进数字经济规则制定

数字经济领域，经合组织在推进构建"数字服务税"规则上采取了诸多措施。早在 1996 年，经合组织财政事务委员会就开始关注信息技术发展对国际税收的影响。[①] 2015 年，经合组织提出《应对数字经济的税收挑战：行动计划 1》（*Addressing the Tax Challenges of the Digital Economy：Action 1*）。2018 年 3 月，经合组织数字经济工作组发布《数字化带来的税收挑战中期报告》（*Tax Challenges Arising from Digitalisation-Interim Report*），报告充分阐释了数字化所带来的税务挑战，建立了一项税基侵蚀和利润转移（Base Erosion and Profit Shifting，BEPS）包容性框架，使相关国家和司法管辖区在财政事务委员会及其所有附属机构中处于平等地位。2022 年 3 月，经合组织提出数字平台信息（Digital Platform Information，DPI）可扩展标记语言（XML）标准模式，构建关于数字平台信息架构信息中的标题、组织交易方类型、人员类型以及主体的规则。[②] 可见，数字经济税收问题得到经合组织高度关注。在数字经济领域的其他议题上，经合组织出台了一系列相关综述性报告。在区块链领域，经合组织 2018 年发布《区块链和竞争政策》（*Blockchain and Competition Policy*），认识到区块链企业探索区块链解决方案可能会导致敏感信息的共享。[③] 而在宏观层面，经合组织也注意到数字化正在重塑经济中的竞争动态，创造新市场并改变现有国际市场。这些新态势都对主管部门提出了多方面挑战。在 2022 年 2 月推出的《经合组织数字时代竞争政策手册》（*OECD Handbook on Competition Policy in the Digital Age*）为相关主管部门、

---

① 张秀青、赵雪妍：《全球数字税发展进程、特征与趋势及中国立场》，《全球化》2021 年第 4 期。

② "Model Rules for Reporting by Digital Platform Operators XML Schema：User Guide for Tax Administrations"，OECD，February 2022，https：//www.oecd.org/tax/exchange-of-tax-information/model-rules-for-reporting-by-digital-platform-operators-xml-schema-user-guide-for-tax-administrations.pdf.

③ "OECD Handbook on Competition Policy in the Digital Age"，OECD，February 23，2022，https：//www.oecd.org/daf/competition-policy-in-the-digital-age/.

决策者、研究人员和任何对数字竞争政策感兴趣的人士提供了新的参考资料。[①]

经合组织积极关注数字经济领域的各类前沿议题，结合自身功能属性在数字税等领域推进规则构建，同时对区块链等其他具体问题以及数字经济总体性竞争问题予以关注，把握数字经济前沿规则制定的走向与演进。

三 持续推动构建跨境数据流动规则

经合组织最早提出跨境数据流动这一概念，[②] 虽然跨境数据流动与数字经济议题联系紧密，但这一概念受安全、经济、隐私保护等多元因素影响，[③] 经合组织积极促进成员国内部的数据跨境流动，在构建跨境数据流动规则层面与隐私保护等议题联系密切。早在 1980 年，经合组织就通过了《保护隐私和个人数据跨境流动的准则》（*Guidelines Governing the Protection of Privacy and Transborder Flows of Personal Data*，以下简称《隐私指南》），这是第一次在信任和信心层面制定信息通信技术政策文件。《隐私指南》界定了跨境数据流动等基本概念，确立了成员国在数据收集、使用限制、安全保障、开放以及数据跨境自由流动和合法限制方面应遵循的原则。[④]《隐私指南》是经合组织开展数字隐私保护工作的基石，被公认为隐私和数据保护的全球最低标准。[⑤] 2013 年，经合组织对《隐私指南》进行了全面修订，出台了《隐私保护和个人数据跨境流通指南》（*Guidelines on the Protection of Privacy and Transborder Flows of Personal Data*），加强了与其他隐私执法合作工作的整合。2021 年，经合组织完成了

---

① "OECD Handbook on Competition Policy in the Digital Age", OECD, February 23, 2022, https://www.oecd.org/daf/competition-policy-in-the-digital-age/.

② G. Russell Pipe, "International Information Policy: Evolution of Transborder Data Flow Issues", *Telematics and Informatics*, Vol. 1, Iss. 4, 1984, p. 409.

③ 张光、宋歌：《数字经济下的全球规则博弈与中国路径选择——基于跨境数据流动规制视角》，《学术交流》2022 年第 1 期。

④ "Annex to the Recommendation of the Council of 23rd September 1980: Guidelines Governing the Protection of Privacy and Transborder Flows of Personal Data", OECD, https://www.oecd.org/sti/ieconomy/oecdguidelinesontheprotectionofprivacyandtransborderflowsofpersonaldata.htm.

⑤ "OECD Work on Privacy", OECD, https://www.oecd.org/sti/ieconomy/privacy.htm.

对《隐私指南》实施情况的第二次审查。在技术发展的背景下,《隐私指南》的实施面临重大挑战。经合组织表示仍会继续与各国以及专业人士合作,追踪发展态势,并在数字环境中实施《隐私指南》提出可行建议。① 经合组织还重视联合国、世界贸易组织、七国集团、二十国集团、亚太经济合作组织等其他各类组织在这一议题的进展,强调要坚持较高的数据保护标准,强调公民和社会是实现数字化转型助推全球经济增长的关键。②

经合组织较早开展跨境数据流动规则制定,为全球数据流动规则的成熟奠定了重要基础。经合组织的跨境数据流动规则也成为其他国际组织开展此类工作的重要参考。在经合组织对于成员国内部的数据跨境流通总体持较为开放态度的同时,③ 基于数字技术的演进发展,不断对现有规则体系进行优化,并密切追踪其他多边机制的规则制定走向,在新规则制定上注重与其他规则有效对接与融合。

四 密切关注人工智能规范体系建设

人工智能是经合组织在数字经济治理领域重点关注的方向。经合组织成立了由 50 多人组成的人工智能专家组,负责制定一系列规则。该小组由 20 多个国家政府代表以及工商业界、学术界、科学界的领导人组成。专家组的提案由经合组织提出,并发展成为人工智能原则(OECD Principles on AI)。④ 2019 年 5 月,经合组织《理事会关于人工智能的建议》(*Recommendation of the Council on Artificial Intelligence*)获得通过,这

---

① "OECD Work on Privacy", OECD, https：//www. oecd. org/sti/ieconomy/privacy. htm.

② "Cross-border Data Flows Taking Stock of Key Policies and Initiatives", OECD iLibrary, October 12, 2022, https：//www. oecd-ilibrary. org/docserver/5031dd97-en. pdf? expires = 1683225045&id = id&accname = guest&checksum = F590FEECB8E2BE5AB7A09EAEFBAA423A.

③ 高瑞鑫等主编:《数据跨境合规治理实践白皮书 2021》,中兴,德勤,2021 年,https：//www2. deloitte. com/content/dam/Deloitte/cn/Documents/risk/deloitte-cn-risk-data-cross-border-white-paper-211202. pdf。

④ "Forty-two Countries Adopt New OECD Principles on Artificial Intelligence", OECD, May 22, 2019, https：//www. oecd. org/science/forty-two-countries-adopt-new-oecd-principles-on-artificial-intelligence. htm.

是第一份由各国政府所签署的条款。① 经合组织所提出的人工智能原则涉及包容性增长、可持续发展和人类福祉；以人为本的价值观和公平；透明度和可解释性等层面的价值观原则，也对人工智能研发、数字生态系统等层面提出政策建议。② 基于上述建议，经合组织于 2021 年 6 月发表了《经合组织人工智能原则的实施情况》报告，审查了人工智能发展趋势，提出五项建议，涉及投资人工智能的研发、培育人工智能数字生态系统、塑造有利于人工智能的政策环境、培育人力资源能力、促进国际合作等。③ 经合组织还积极建立专业机构，2020 年推出分享和制定人工智能政策的平台——"OECD. AI"，借助这一平台，为国际社会提供人工智能的数据和多学科分析。

经合组织及时注意到人工智能技术出现的重要意义，并及时召集各利益攸关方制定合理可行的行为规则。就所制定出的规则内容而言，具有以下三方面特点：首先，已制定的人工智能规则相对宽泛。经合组织在建议书中用了包容性增长（inclusive growth）、可持续发展（sustainable development）、以人为本（human-centred values）、透明度（transparency）等一系列解释力较强的词汇，这符合倡议性规则的特质。人工智能技术的不断发展，较多未知因素的出现使解释力较强的词汇有利于提升规则弹性。其次，经合组织所提出的规则建议具有浓厚的西方价值理念色彩。作为主要由西方发达国家组成的国际组织，经合组织强调各类行为体在参与及应用人工智能的过程中需要以人为本，遵循法治、民主、自由等西方传统价值理念，保护数据隐私。最后，经合组织强调行动与实践的重要性。经合组织并未忽视技术标准的作用，强调技术标准制定需要各利益攸关方的共识驱动，从而助力人工智能技术提升相互操作性与可信赖性。技术标准与倡议性宏观规则的构建需要同步推进，二者相互弥合，共同发展。

综上所述，经合组织围绕人工智能所构建的原则呈现出较强的生命

① "OECD AI Principles Overview"，OECD，2019，https：//oecd. ai/en/ai-principles.

② "OECD AI Principles Overview"，OECD，2019，https：//oecd. ai/en/ai-principles.

③ "State of Implementation of the OECD AI Principles：Insights from National AI Policies"，OECD，June 18，2021，https：//www. oecd-ilibrary. org/docserver/1cd40c44-en. pdf? expires = 16579 98624&id = id&accname = guest&checksum = FB6E7A575D5E8D152DB01943D434019E.

力，逐渐被其他多边机制所接受，成为其数字规则"外溢"的重点领域。

五　借助多边合作协同推进规则生成

经合组织构建数字规则的基础在于得到组织成员的认同，但若要拓展组织规则的使用范围，则需要推进规则的扩散与"外溢"，加深与其他国际机制的联系。经合组织在推进网络空间规则制定过程中始终重视与其他行为体的协作，尤其是支持 G20 的数字议程，推动各国数字化转型。① 经合组织多边协同推进规则制定的具体举措主要在以下三个层面。

第一，经合组织推进组织内外成员组成相关专家组联合开展规则建设。2013 年在对《安全准则》的修订过程中，这一特质得到充分体现。在修订准则的筹备过程中，经合组织先召集成员国与非成员国的行业专家等利益攸关方进行广泛磋商。专家组通过电子平台讨论协商，秘书处形成草案。同时，专家组通过与亚太经济合作组织、国际互联网协会、信息社会世界峰会、互联网治理论坛等多边机构与多边论坛举办研讨会增进协商对话。② 通过专家组协商讨论，经合组织强化了所制定数字规则的普遍意义，建立的规则框架尽可能符合所有成员国的利益。

第二，经合组织与其他国际机构以联合发布相关规范性文件的形式形成数字规则。譬如，经合组织联合世界贸易组织和国际货币基金组织联合发布《数字贸易计量手册》（*Handbook on Measuring Digital Trade*），为数字贸易提供统一的体系框架。③ 这种方式促使数字规则的应用范围得到拓展，使规则应用的范围不再拘泥于单一组织内部。

第三，经合组织积极借助既有国际平台召集成员国讨论数字治理相关事项。从 2006 年至今，经合组织每年在互联网治理论坛上召开关于制定数字政策、网络攻防、人工智能、互联网开放等方面的多个会议。④ 从

---

① "Digitalisation and Innovation", OECD, https：//www. oecd. org/g20/topics/digitalisation-and-innovation/.

② "Review of the 2002 Security Guidelines", OECD, September 17, 2015, http：//www. oecd. org/sti/ieconomy/2002-security-guidelines-review. htm.

③ "Handbook on Measuring Digital Trade", Version 1, OECD, WTO and IMF, 2019, https：//www. oecd. org/sdd/its/Handbook-on-Measuring-Digital-Trade-Version-1. pdf.

④ "Internet Policy and Governance", OECD, https：//www. oecd. org/sti/ieconomy/internet-policy-and-governance. htm.

1980 年出台《隐私指南》以来，强调隐私保护规则建设，加强执法合作一直是经合组织开展数字规则制定的重要主题，也在诸多报告中得到多次强调。① 围绕这一问题开展国际合作也受到经合组织的高度重视。经合组织在 2007 年通过《隐私保护及跨境合作执行建议》，明确建议成员国应开展跨境合作，落实隐私保护法律，并采取适当措施。② 为了保障数字安全，2015 年，经合组织在《关于为了经济和社会繁荣的数字安全风险管理的建议》中明确提出，关于国际合作，政府应借助区域和全球性论坛，建立双边和多边关系，与他国分享经验，并与其他各方合作为控制数字安全风险创造条件。③ 经合组织也积极推进人工智能规则制定上的国际合作，和其他政府间组织开发名为 "GlobalPolicy. ai" 的中立平台，以期更好地围绕人工智能治理、技术开发与应用分享信息。④

经合组织深刻地认识到，借助专家组与现有国际平台机构，组织内部成员和域外国家能够紧密协作，能够有效扩展其所构建的数字规则的应用场域，这是助推全球数字规则发展成熟的重要保证。

六 强调多利益攸关方模式的社会属性

从网络空间治理到数字空间治理，多利益攸关方模式一直是西方所倡导的主流治理模式，但在发展中国家的影响下，这一模式也在不断演进。经合组织明确表示会按照利益攸关方理念开展数字规则制定，在《关于为了经济和社会繁荣的数字安全风险管理的建议》所附文件中对关键概念进行了解释，提出利益攸关方被看作政府、公共部门和私人组织

---

① "OECD Recommendation on Cross-border Co-operation in the Enforcement of Laws Protecting Privacy", OECD, 2007, https：//edps. europa. eu/sites/edp/files/publication/2013 – 09 – 09_oecd_guidelines_en. pdf.

② "OECD Recommendation on Cross-border Co-operation in the Enforcement of Laws Protecting Privacy", OECD, 2007, https：//edps. europa. eu/sites/edp/files/publication/2013 – 09 – 09_oecd_guidelines_en. pdf.

③ "Digital Security Risk Management for Economic and Social Prosperity：OECD Recommendation and Companion Document", OECD, December 17, 2015, http：//www. oecd. org/sti/ieconomy/digit-al-security-risk-management. pdf.

④ "State of Implementation of the OECD AI Principles：Insights from National AI Policies", OECD, June 18, 2021, https：//www. oecd-ilibrary. org/docserver/1cd40c44-en. pdf? expires = 16579 98624&id = id&accname = guest&checksum = FB6E7A575D5E8D152DB01943D434019E.

以及依赖数字环境进行全部或部分经济和社会活动的个人，他们可以扮演不同角色。经合组织更强调利益攸关方所具备的社会学属性。其中，"政府"一词涵盖各级政府所有机构。"公共部门组织"包括受公共或行政法管辖的所有其他实体，例如公共主管部门（如医院、学校、公共图书馆等）和公有企业。私人组织包括企业和非营利组织。同时，各利益攸关方可具备不同的社会角色，个人可以是公民、消费者、父母、学生、工人等，大多数组织都是数字环境的用户，一些还被纳入操作、管理或设计中（如软硬件制造商、电信运营商或网络服务提供商）。超出一定规模的组织通常包括信息技术部门，负责提供支持组织活动的数字基础设施。政府也可以扮演不同的角色，在包括数字环境在内的各个方面采取公共政策促进经济和社会繁荣。① 经合组织还认识到，非政府行为体认可多利益攸关方合作是制定有效网络安全政策的最佳方式，这些政策尊重互联网的全球性、开放性和相互操作性。政策选择必须足够灵活，以适应互联网的动态特性。② 因此，经合组织倾向于从社会学视角强调规则构建的开放性，不同行为体的充分参与是形成共有规则的重要保证。

基于上述特质可见，在互联网商业化发展初期，经合组织较早注意到互联网等数字技术的出现对国际经贸领域带来的影响，认识到构建富有约束力的规则对数字经济与信息产业发展的重要意义，并开始进行相关规则探索。经合组织及时跟进评估网络空间对自身及国际社会的影响，更新准则文件，努力推进所建立的规则体系得以适应组织内部的发展。经合组织积极围绕传统治理议题与数字技术充分对接，围绕数字经济、数字金融等相关网络空间治理议题构建组织内规则框架，并密切追踪前沿技术规则。可以说经合组织所采取的一系列举措扩大了其在全球数字规则治理体系中的影响力，所构建的规则框架被其他国际机制尤其是西

---

① "Digital Security Risk Management for Economic and Social Prosperity：OECD Recommendation and Companion Document"，OECD，December 17，2015，http：//www. oecd. org/sti/ieconomy/digit-al-security-risk-management. pdf.

② "Cybersecurity Policy Making at a Turning Point：Analysing a New Generation of National Cy-bersecurity Strategies for the Internet Economy"，OECD，November 16，2012，https：//www. oecd-ili-brary. org/docserver/5k8zq92vdgtl-en. pdf？expires = 1559775599&id = id&accname = guest&checksum = 75B66BEB3E92E91D4C5552CA2BDB796B.

方国家主导的多边机制体系所接受。基于所倡导理念的开放包容，经合组织能够和其他各类国际机构合作协调，通过各种方式推广自身所构建的规则框架。经合组织构建数字规则所取得的成效主要根植于以下因素：首先，经合组织在推进数字规则生成过程中的优势很大程度上在于其成员国大多是发达国家，数字技术实力与治理能力普遍较高；其次，该组织历史较为悠久，机构治理框架相对成熟，能够深刻认识到数字技术发展对国际经济贸易所带来的深刻影响，因而注重对数字经济数字贸易等相关议题予以规制；最后，美国等组织内的主导成员国可以积极推动自身所倾向的规则架构嵌入多边机制中，通过强大的国家实力促使经合组织所形成的规则体系扩散至其他机制框架中，提升该组织构建数字规则的效力。

第三节　功能性国际组织未来的发展方向

在网络空间国际规范构建上，功能性国际组织并非主导性力量，但其在相关议题的规范构建方面取得了一定成效。针对全球规则所面临的挑战，功能性国际组织可以从以下层面加强建设，这或许能为网络空间国际规范的发展提供另一种可行方略。

一　通过规范建设促进成员国产业发展

全世界大多数国家是中小国家，尤其是处于发展中的弱国、小国难以在全球性国际平台提升自身在制定网络规范方面的影响力。功能性国际组织成员国往往具备共同的治理目标，面临同样的发展问题。一些功能性国际组织成员国还有着相似的政治制度与意识形态，这些都有助于推动此类国际组织更好地就经贸、金融、卫生、环境等具体议题开展治理工作，并在很大程度上涉及与之相关的网络规范议题。当前，制定网络规范并非多数功能性国际组织的工作重点，但伴随互联网等新兴数字产业对各类传统治理议题的影响不断加大，此类国际组织在进行具体的专业性或功能性的国际议题治理过程中难以避开互联网及数字信息技术。

构建网络规范的目标之一是在组织内部推动形成切实可行的约束性

准则。技术标准的统一有助于各成员国在互联网及电信行业发展过程中减少不必要的成本负担，促进组织内成员国以及企业、私营机构等非国家行为体在基础设施建设等领域推进产业协作。在各类网络议题的规则制定中，功能性国际组织面临越来越多的网络攻击、网络恐怖主义以及网络犯罪等非法行为，制定可行的打击网络非法行为规则是维护组织安全的重要方式。推动各成员国国内立法的同时，也为构建全球性打击网络犯罪行为规则提供可行参考与借鉴。功能性国际组织需要在基础设施、技术产业链、数字经济等各领域的规则制定上发挥作用，这有助于促进成员国数字信息产业发展，保证技术的安全应用与可持续发展。

经贸是一些主流功能性国际组织的传统治理议题，而数字经济是经贸与网络治理的重要交叉性领域。伴随数字技术的快速发展，功能性国际组织对数字经济发展的需求日益上升。因而，构建数字经济规范是各类功能性国际组织，尤其是经贸领域的功能性国际组织参与规范建设的切入点。同样，在新技术规范建设上，功能性国际组织依然强调自身传统治理领域与新兴技术的对接。不同功能性国际组织围绕自身所擅长的领域推进数字治理，有助于成员国提升国内法规制定水平。

同时，围绕数字化基础设施建设，功能性国际组织推进统一的数字基础设施底层标准有助于成员国国内标准体系的成熟，降低成员国之间的沟通协调成本，成员国关于数字标准的创新又能带动组织规则的完善。如 APEC 为成员国就网络基础设施相关技术标准的讨论提供平台，就光纤网络、有线宽带、无线移动网络等基础设施的标准化与发展路径制定准则。

综上所述，围绕数字经贸、数字基础设施等领域的规则构建，功能性国际组织需要采取多元举措，降低行业运作成本，促进市场开放，进而带动成员数字产业发展，提升数字规则治理的效力。

二 推进构建与自身治理领域相关的国际规范

功能性国际组织最为重要的特质在于其聚焦某一类别或具体领域的议题。经贸和发展是功能性国际组织聚焦的热点领域。长期以来，功能性国际组织聚焦相对专一的功能产业，推动成员国消除公共物品跨境流动所引发的各类制度性壁垒。近年来，功能性国际组织主动参与涉及自身治理领域相关的网络规范制定，取得了一定成效。尤其是以 OECD、APEC 为代表的功能性国际组织对网络空间国际规范建设与自身主要功能性议题做到了紧密结合。同时，功能性国际组织也在努力弥补新技术出现所带来的与自身从事专业治理议题相关的规范空白。但对于更多的功能性国际组织而言，数字信息产生的与这些组织所从事的专业领域相关的规范议题并未得到充分重视。例如，虽然金砖国家等发展中国家广泛参与的功能性国际组织近年来也开始关注数字经济等领域规范构建，但与西方国家主导的功能性国际组织相比，仍需进一步扩充与自身功能及专业性领域相关的规范建设。

　　未来，各类功能性国际组织仍需发挥好专业性优势，积极推进制定与传统议题相关的网络规范，努力成为网络空间国际规范体系建设的重要补充性力量。当前，各类功能性国际组织聚焦发展与经贸领域，议题的广度与深度也在不断扩充。在全球性网络规范体系短期内难以完善的当下，功能性国际组织内部形成成熟的网络规范既能保证成员国网络安全，也能促进网络空间国际秩序平稳运行。功能性国际组织需注重新兴技术对其自身传统优势的影响，通过建立组织成员满意的规范原则使新兴技术与传统议题相适应。新兴技术的出现也为功能性国际组织介入规范建设提供新的机遇，使此类国际组织成为构建网络规范的又一推动力量。

　　传统的功能性国际组织主要聚焦专业化的"低政治"议题。在数字技术蓬勃发展的今天，功能性国际组织在治理过程中与网络空间存在较多契合点。功能性国际组织通过自身专业领域治理所涉及的网络空间国际规范建设填补了更多规范空白，为全球网络规范制定贡献力量。

三　寻求组织内部规范上升为全球性准则

　　虽然功能性国际组织的成员分布广泛，但更多聚焦于某一类专业的具体议题，治理对象相对有限。功能性国际组织构建的网络规范与自身长期从事的治理领域密切结合，使之能够适用于组织成员。但其长期目标应努力着眼于推进较为成熟的组织内部网络规范框架"外溢"为全球性准则。

　　"外溢"是功能主义理论的重要概念，功能性的外溢主要是指一个领域的合作发展到一定程度，不仅会出现合作范围的扩大、合作层级的上升，而且合作成果、经验与效应也会外溢到其他领域。① 功能性国际组织所构建适用于组织内部以及与其自身主要治理议题相关的网络规范在长期的发展过程中也存在外溢为全球性规范的可能，这需要功能性国际组织已制定的国际规范可以适用于成员国，并得到良性反馈。功能性国际组织内部网络规范"外溢"存在以下两种路径。

第一，功能性国际组织可以在获得成员国支持的基础上，尤其是在组织内部主导国的推动下，借助权威度较高的全球性国际组织，促进内部规范外溢为全球性准则。具体路径包括通过公开及默认的全球性规范准则中体现出功能性国际组织所构建的共识性决议和组织内规范治理理念。这既需要功能性国际组织内部主导成员国对现有规范的支持，也需要功能性国际组织具备促进内部成熟规范外溢为全球性规范体系的意愿，共同助力内部规范上升为全球性国际准则，或是组成部分。

第二，功能性国际组织可以通过与其他全球性国际组织的沟通协作，使组织内的规范原则成为形成全球性规范的蓝本。例如，在宏观规则领域，功能性组织可以向联合国等全球性政府间国际组织递交已运作成熟的内部规则体系，推动联合国大会、政府专家组等机构将上述规则纳入讨论并形成修改意见供成员协商，最终修改成为规范性决议。在技术标准建设方面，功能性国际组织长期形成的网络技术标准工具，通过与国际标准化组织等非政府国际组织协商，被纳入上述非政府国际组织内部的技术标准制定流程中，通过利益攸关方的讨论协作达成最终的标准化文件。因而，基于功能性组织内部成熟的规范体系，通过组织协作，对规范文本进一步修正与改进，借助全球性国际组织提出并得到成员的认可，最终成为全球性规范。

上述两种路径可以说是功能性国际组织未来参与构建网络规范的长远发展方式。目前，功能性国际组织也在积极与联合国等全球性组织沟通协调。譬如，金砖国家在 2015 年通过《乌法宣言》(*The 2015 Ufa De-*

---

① 孙云、王秀萍：《新功能主义的"外溢效应"在两岸关系中之检视》，《台湾研究》2015年第1期。

claration），表达对网络多边治理的支持。① G20 数字经济工作组（G20 Digital Economy Working Group）将会参与到国际电信联盟新的数字基础设施投资倡议（Digital Infrastructure Investment Initiative，DIII），该倡议由亚洲基础设施投资银行（AIIB）、非洲开发银行集团（AfDB）、欧洲复兴开发银行（EBRD）、美洲开发银行（IDB）、伊斯兰开发银行（IsDB）和世界银行（World Bank）共同领导。DIII 的使命也与新通过的《联合国未来公约》（UN Pact for the Future）保持一致，该公约强调需要创新的混合融资来连接每个人并构建有弹性的数字基础设施，支持所有人有意义地使用互联网。② 在协作方式创新上，功能性国际组织可以与网络大国开展机制化的沟通协作方式，通过多边论坛的双边与多边、一轨与二轨对话等多种模式稳步推进规范协作。功能性国际组织内部规范"外溢"的前提是组织内规范建设的成熟，充分满足成员国的需求。同时，功能性国际组织成员国若自身具备较强的国际影响力并存在推动组织内部规范"外溢"的意愿，也能积极推动组织内部成熟的规范架构扩散为全球性准则。

第四节　小结

本章选取经合组织作为功能性国际组织参与网络规范制定的案例。经合组织努力构建与成员国互联网发展相适应的规范准则，也通过与其他国际组织合作，形成共有的网络治理理念与机制，并在数字前沿技术领域的规范建设方面取得一定成效。

在网络空间国际规范建设中，功能性国际组织在做到紧密契合自身传统治理议题的同时，还注重多利益攸关方模式的应用。未来，功能性国际组织应进一步推进规范建设，促进成员国数字信息产业发展，努力推动组织内部成熟的规范上升为全球性国际准则。

---

① 参见 Shilpa Rao，"BRICS and Cybersecurity Policy：Studying the UN GGE"，The CCG Blog，October 2，2016，https：//ccgnludelhi. wordpress. com/2016/10/02/brics-countries-and-cybersecurity-policy-studying-the-un-gge/。

② Daniel B. Cavalcanti，"G20：Digital connectivity to advance sustainable development，" ITU，October 1，2024，https：//www. itu. int/hub/2024/10/g20 - digital-connectivity-to-advance-sustainable-development/.

第 八 章

国际组织构建网络空间国际
规范:比较与前景

网络规范作为全球网络空间治理体系中的一项重要议题,规范的制定涵盖各类利益攸关方。其中,政府间国际组织与非政府国际组织、全球性国际组织与地区性国际组织、功能性国际组织与综合性国际组织相互交织,形成一套复杂的机制体系。构建网络规范是一个长期的过程,达成各方接受且认可以及具备一定约束力的网络规范仍需各方共同努力。

第一节　网络空间国际规范制定中的
国际组织分类比较

网络空间国际规范框架下的规则制定排除了专业技术因素,对网络空间在国际政治、经济、文化、人文等领域的考量更为深入。网络空间标准专业技术属性较强,因而不同类别的国际组织基于自身不同特质,在网络国际规范制定中发挥了差异化作用。

一　政府间国际组织更侧重构建宏观规则

网络空间宏观规则制定很大程度上根植于现实空间的国际法与国际准则。而传统现实领域中的国际规范则是围绕《联合国宪章》《日内瓦公约》等。政府间国际组织是构建现实维度国际规范的重要参与者,加之主权国家协商共建共同认可的国际公约,从而形成国际规则体系。网络空间的出现要求对现有国际准则进行修正与补充，以适应并规制各方在网络空间中的行为。虽然政府间国际组织的权力与资源来自主权国家的授予，是国家外交政策的产物，具有明显的制度局限性，但以联合国为代表的政府间国际组织，也有相对于单个国家的独立性，可以看作共同主权让渡的结果。政府间国际组织作为主权国家管理世界的制度工具的色彩浓重，它相对于非政府国际组织有一种正统地位，它的政策内容涉及世界发展与治理的所有方面，拥有的资源与权力也是非政府国际组织无法比拟的。① 这种正统性保证了政府间国际组织在涉及政治经济社会等应用层面的国际规则制定中发挥主导作用。在强有力的国际机制保证下，政府间国际组织具备召集各国构建网络规则的能力。

纵观构建网络空间国际规范的各类国际组织，以联合国为核心的政府间国际组织是重要参与方，其在普遍性规则领域发挥了主导性作用，在技术标准建设方面也扮演着不容忽视的角色。政府间国际组织的领导力体现在其基本能够聚集全球所有主权国家，协商制定出的国际规范所具备的广泛代表性与权威性是其他类别国际组织难以企及的。尤其在以发展中国家、中小国家占据多数的国际体系中，借助政府间国际组织参与网络空间国际规范构建成为更符合发展中国家利益的选择。网络空间国际规范作为一项涉及各类公私机构的复杂问题，其跨国性、跨行业性的特质愈发明显。各国需要在网络空间中建立一套宏观与微观并存、涵盖技术与非技术问题的复杂规范体系。政府间国际组织聚集各国政府等官方部门，更为有效地承担这一任务。此外，在网络空间国际规范的界定、各方基本行为规制、能力建设乃至打击网络犯罪公约等规则建设议题中，政府间国际组织的主导作用凸显，对地区性国际组织的规则建设提供了重要指导。

政府间国际组织面临的问题在于:一方面，此类国际组织并未完全掌握互联网核心资源。在信息社会世界峰会成立早期，发展中国家一直希望互联网名称与数字地址分配机构等非政府国际组织所掌握的域名和根服务器等核心资源的管理权限转移到联合国手中，但在美国等西方国

---

① 王杰、张海滨、张志洲主编:《全球治理中的国际非政府组织》，北京大学出版社 2004年版，第 65 页。

家的反对下这一愿望至今未能实现。秉持"互联网自由"的人员与技术社群对官方机构掌控网络空间核心设施持有源自内心的不信任。这种不信任感从持有无政府主义政治立场的互联网早期科研人员沿袭下来。在这种理念的驱使下，政府间国际组织不具备对核心设施的管理权限，这不利于其在全球网络规范制定中发挥主导作用。另一方面，政府间国际组织汇聚各主权国家政府，在注重普遍性"公平"的同时难以兼顾制定规范的"效率"。政府间国际组织在规范建设过程中为了得到更多成员国的认可不得不降低规范建设的效率，这使得制定规范的周期更长，各方对统一规范的需求更为迫切。俄罗斯、中国等新兴市场国家提出基于政府主导与网络主权的多边主义模式与传统的多利益攸关方模式存在一定差异，降低了规范构建的效率，也为政府间国际组织发挥领导作用带来挑战。因此政府间国际组织需加强自身机构改革，更好地体现出自身优势。

规则制定所面临的突出问题在于各方指导网络空间运行的思想理念存在差异，技术与专业层面难以在这一领域发挥主导影响。未来，政府间国际组织在破解上述问题时可从应用层面着手，包括网络空间基础设施、各类社交媒体等。联合其他类型的国际组织共同缓和治理理念与模式的分歧。一方面，政府间国际组织凭借自身的官方性与权威性，在协调各方理念与模式的过程中，也可创造性地提出不同的规则制定体系。在网络空间国际规则制定出现分化的当下，政府间国际组织需要积极推动不同规则制定集团相互融合，从而避免统一规则体系的缺失，进而难以对现阶段的网络空间活动形成有效规制。另一方面，政府间国际组织与地区性、功能性国际组织存在较多交集。众多地区性与功能性国际组织基本上也可被视为政府间国际组织，因而，政府间国际组织可充分利用其在地区性与功能性领域的特质，从议题领域和区域层面推进普遍性规则的构建。在难以缓和各方治理理念与模式分歧的情况下，这种横向与纵向的交织，从议题层面与区域层面保证普遍性规则构建工作的开展，为以后全球性宏观规则的达成奠定了基础。

但在网络空间标准制定中，政府间国际组织未能发挥出与规则建设相当的领导力。众多非政府国际组织对网络空间标准制定的主导权远超过现有的政府间国际组织。例如，国际电信联盟开展标准化工作的历史悠久，治理经验丰富，具备较大的影响力，所制定的决议对成员国具备较强的说服力。不过，国际电信联盟做出的决策通常以共识为基础，意味着其经常要在规模稍小的工作组运作，在某些情况下，国际电信联盟表达的观点并无法充分反映出每个成员的意愿。国际电信联盟在犯罪法或政策方面也没有授权能力。① 因而，政府间国际组织仍需进一步推进运作机制的成熟。在从事标准化的国际组织数量上，政府间国际组织也难以与非政府国际组织相匹敌。未来，政府间国际组织若希望发挥更大作用，在巩固规则制定的同时，也需要提升在标准制定中的领导权，提高工作效率。

因此，在网络空间愈发深入影响国际和平与安全的背景下，聚焦于传统"高政治"议题的政府间国际组织与网络空间治理的联系更为紧密。规范建设对网络空间的安全与平稳发展极为重要，政府间国际组织也应当在涉及国际政治与国际安全方面的网络空间国际规范建设中发挥重要作用。尤其是在推进网络空间硬规范乃至国际法的构建上，政府间国际组织既具备官方属性，也存在义务与责任。

二 非政府国际组织在构建标准方面优势明显

传统意义上，非政府国际组织的作用主要是促进世界和平与安全、推动世界经济尤其是发展中国家的发展、保障人权与促进社会进步等。② 但非政府国际组织一般只在政府间国际组织容易忽视的领域以及全球治理边缘性议题发挥作用，影响力也难以与政府间国际组织以及主导大国相比。但网络空间出现初始主要与军事和科研领域有关，其自身特质以及从事技术研发的人员自身对政府的不信任感使非政府国际组织能够较早掌握网络空间核心资源。一些非政府国际组织也赢得了网络技术标准制定的主导权。凭借先入为主的优势，国际电信联盟等政府间国际组织一直试图取代传统非政府国际组织在互联网资源管理中的核心地位，但

---

① 肖莹莹：《网络安全治理：全球公共产品理论的视角》，《深圳大学学报》（人文社会科学版）2015年第1期。

② 参见邢悦、詹奕嘉《国际关系：理论、历史与现实》，复旦大学出版社2008年版，第350—352页。

并未成功。

非政府国际组织长期参与电信行业治理，同时基于治理对象自身的特殊属性，其在网络空间标准制定中取得了重要成效。在从事 ICT 产业技术标准制定的主要国际组织中，除了国际电信联盟是联合国的一个专门机构，其他大多是非政府国际组织。国际标准化组织、国际电工委员会、国际互联网协会等非政府国际组织在数字技术标准制定中发挥了引领性作用。尤其是国际标准化组织与国际电工委员会联合发布有关标准，保持了较高的权威性与执行力。国际互联网协会作为网络空间治理的专业化机构，在技术逻辑层面积极开展标准制定工作。在西方主导第三次科技革命的大背景下，非政府国际组织聚集了各类专业技术人员，形成了诸多影响力极高的互联网社群，这保证了在纯技术标准化建设领域非政府国际组织具备较高的权威性与影响力，也使非政府国际组织具备丰富的标准制定经验。

政府间国际组织有所涉及但未能有效发挥作用的领域为非政府国际组织留下更多治理空间。在联合国框架内，非政府国际组织只拥有咨商地位，无法参与其权力核心部门——联合国安理会的事务。① 非政府国际组织在普遍性的网络规则构建中的作用符合上述解释，即更多地扮演提供咨询建议的附属角色。但在网络技术标准领域，非政府国际组织发挥的主导作用完全颠覆了人们的传统认知。

20 世纪，代维·米特兰尼（David Mitrany）在《有效的和平体制》（A Working Peace System）一书中就指出，随着技术问题的增加，其解决需要技术专家不涉及政治或冲突内容的合作行动，因为技术专家会选择与政治、军事这些国家间的"高政治"无关的解决方案。② 因而，网络空间作为孕育未来技术革命的关键领域，以技术专业人员为主的非政府国际组织依然具备广阔的发展前景。相较于政府间国际组织，非政府国际组织数量众多，组织运作方式较为灵活。传统上非政府国际组织仅在国

---

① 王杰、张海滨、张志洲主编：《全球治理中的国际非政府组织》，北京大学出版社 2004 年版，第 65 页。

② ［美］詹姆斯·多尔蒂、小罗伯特·普法尔茨格拉夫：《争论中的国际关系理论》，阎学通等译，世界知识出版社 2003 年版，第 550 页。

际政治的边缘地带产生影响力。在标准化领域非政府国际组织发挥了强有力的主导作用，其他行为主体或者被纳入国际非政府国际组织体系，或一直被边缘化。① 非政府国际组织在标准化建设领域的主导力提升了其在全球治理体系中的影响力。虽然非政府国际组织没有制定极具强制力的"硬法"的权力，但可以制定强制性相对较弱的"软法"，标准化文件就是具体体现。例如，国际标准化组织制定了一系列可供国家或私营部门参考、借鉴的标准。非政府国际组织提出的标准虽然不是"硬法"，但是能影响国家或私营部门的行为，并促进多元化管理机制的形成。② 因此，非政府国际组织凭借自身在机制建设等方面的优势，在标准化建设领域取得的成效保证了其在网络规范制定中的重要地位。同时需要注意的是，基于共识的标准化建设在政府间国际组织与非政府国际组织中均得到完整的应用。通过征求意见书的形式收集各方观点，保证标准建设的科学性。

　　网络空间与国际标准均为人类创设的国际公共产品，仅靠单一行为体的努力无法完成。国际组织作为联系各国的跨境机构，其自身特质决定了它们具备参与各项国际议题的优势。网络空间如今已演进为一个复杂的生态系统，各类行为体的核心利益紧密交织。国际标准作为网络空间治理体系下众多具体议题之一，治理建设相对稳定。国际标准制定更多涉及技术领域。相较于网络空间国际规则，国际标准制定更强调科学性与客观性，受权力竞争、地缘冲突、意识形态等非技术因素的影响相对有限。非政府属性的标准化国际组织具备独特优势。伴随网络技术对各行业的深刻影响，非政府标准化组织一直密切追踪前沿技术标准化发展动向，聚集了广泛的专业技术人员，在实践中积累了丰富的经验，建立了较为成熟的管理模式，减少了国际社会在网络信息领域的交易运营成本。国际标准一直是网络空间国际规范建构的重要领域，离开了技术

---

　　① 参见［美］约翰·博尼《国际NGO发展与研究述评》，载杨丽、丁开杰主编《全球治理与国际组织》，中央编译出版社2017年版，第30页。

　　② 参见［美］达纳·布拉克曼·赖泽尔、克莱尔·凯利《连接NGOs的问责制与全球治理的合法性》，载杨丽、丁开杰主编《全球治理与国际组织》，中央编译出版社2017年版，第63—64页；Dana Brakman Reiser and Claire Kelly, "Linking NGO Accountability and the Legitimacy of Global Governance", *Brooklyn Journal of International Law*, Vol. 36, 2011, p. 1013。

标准，网络空间难以可持续发展。由于较少受到非技术因素的影响，网络空间技术标准建设基本由技术专家稳步推进。总体来看，政府间和非政府国际组织共同在技术标准构建中发挥作用，但非政府国际组织在数量上占有优势。

非政府国际组织能够成为全球治理中的重要行为体之一，是因为其力量来源既不同于国家，也不同于商业部门。国家所依托的是征税权、军队和警察等强制性力量，商业部门所依靠的是自己的经济力量。而非政府国际组织依靠的是由规范、道义、知识和可靠的信息产生的权威（全球公民社会），是一种"软权力"。以"世界的良心"面目出现的非政府国际组织所代表的是一种"权利政治"而非传统的"权力政治"。①因而，非政府国际组织之所以能在网络技术标准制定方面发挥如此重要的作用，很大程度在于其掌握了基础设施等核心资源的"硬实力"以及能够聚集各类高级技术专业人员且自身地位得到他们认可的"软实力"。这决定了网络标准化建设离不开非政府国际组织的参与。

但在普遍性规则构建领域，非政府国际组织更多发挥补充作用。以全球气候变化委员会为代表的非政府国际组织近年来发展势头迅猛，发布了一系列规则文本，提出了较多规则建议。但问题在于它提出的宏观规则倡议色彩浓厚，难以产生较强的约束力与执行力。在普遍规则制定上，非政府国际组织更多以参与联合国、二十国集团等政府间多边框架的形式传播与扩散自身所提出的网络规则，并借助智库等私营机构推动各国的关注与了解。

非政府国际组织难以在宏观规则制定中产生建设性作用的原因有以下两方面。第一，总体性国际规则的建立需要主权国家的参与，非政府国际组织仅能发挥提供建议等补充性作用。相较于其他议题，非政府国际组织凭借掌握网络关键资源这一优势，在网络空间基础设施建设、核心设施管理与分配等领域扮演的角色不可小觑，但这并不意味着其能在总体规则制定过程中发挥主导作用。网络空间普遍性规则的制定需要与既有国际法及国际规则进行深入对接，因而，联合国等政府间国际组织

---

① 王杰、张海滨、张志洲主编：《全球治理中的国际非政府组织》，北京大学出版社2004年版，第121页。

势必需要深度介入。这在一定程度上决定了那些专门从事构建普遍性规则的非政府国际组织只能发挥辅助作用,通过召集前政府官员以及专业学者等形成一系列网络规则倡议。第二,网络新兴国家在打破现有以西方发达国家为主导的网络体系的过程中,难以再像西方国家那样强调非政府国际组织的效用。西方国家所推崇的由非政府国际组织发挥主导作用的传统治理模式如今面临更多挑战。网络新兴大国的普遍崛起进一步推进各类官方机构主导宏观规则建设。凭借自身数量占据压倒性优势,新兴国家所希望的网络空间治理模式不利于非政府国际组织在构建普遍性规则中的深度介入。

长远来看,在网络空间国际规则建设中扮演好咨询辅助角色是非政府国际组织对自身较为现实可行的定位。首先,非政府国际组织能够充分利用既有优势,汇聚更多的非官方人士,包括互联网社群、专业技术人员以及各类行业协会等人员,以非官方视角提出网络空间规则制定路径,为各国提供政策咨询,从侧面影响各国政府的规则建设工作。其次,在非官方属性的国际关系行为体中,非政府国际组织只是其中一方,跨国公司、互联网社群、个人等也是重要的参与行为体。非政府国际组织积极与上述行为体开展协作是扩大自身影响力、深入参与国际规则构建的另一种可行路径。最后,非政府国际组织也存在与官方机构合作的机会。实际上,类似于全球气候变化委员会等专门从事规则制定的非政府国际组织也得到多国政府的财政支持。尤其在西方国家,凭借成熟的"旋转门"模式,离任的政府官员也能够在非政府国际组织中发挥较大作用,这使得非政府国际组织有机会获得更多官方资源,从而与政府机构产生更为紧密的联系。

三　地区性与功能性国际组织在内部探索规范框架

地区性与功能性国际组织是构建网络规范的新兴参与者,它们在网络规范制定中存在一定共性,即均不具备完整的全球化宽领域属性。地区性组织的次全球性表现在组织成员的区域性,使这类国际组织在地理因素上表现为次全球化。功能性国际组织成员分布广泛,具备全球属性,但其治理议题一般聚焦于金融、经贸等某一具体专业类别,治理领域不具有全面性。因此,这两类国际组织更多需要在组织内部构建适用于组织成员的网络规范体系。

近年来，全球性网络空间国际规范建设面临的阻力日益增大，地区性及功能性国际组织积极探索规范框架，在组织内部推广使用。东盟、欧盟、美洲国家组织、北约、经合组织、亚太经合组织等在组织内部的网络规范制定方面取得了一系列成效。从中可见，地区性与功能性国际组织正从另一种新的路径探索构建适用于组织内部的规范体系。这种方式不同于传统政府间与非政府国际组织治理对象范围的全球性，这种方式更有针对性，成效也更高。

地区性与功能性国际组织近年来积极把制定网络规范纳入其工作目标。主要原因在于：第一，网络空间与各类传统议题的联系日益紧密，这使得聚焦于传统治理议题的地区性与功能性国际组织难以规避网络空间，需要就这一议题构建出适用于组织内部的规范准则。尤其是在全球经贸领域，数字技术的发展使数字经济成为 G20、APEC 等功能性国际组织关注的焦点。第二，面对新技术的不断涌现，联合国等政府间国际组织在规则制定上面临复杂形势，形成较为成熟的网络规范体系仍需长期努力。这需要地区性与功能性国际组织在组织内部推进相关规则的制定，以适应日新月异的数字技术变革与产业发展。地区性与功能性国际组织从自身成员国发展现状出发，尤其是发达国家成员占据多数的欧盟以及注重数字信息产业发展的东盟等地区性国际组织，在网络犯罪、关键基础设施保护、个人网络隐私保护等领域开展规则构建乃至立法工作，在组织内部建成一套各成员国均能接受的规则框架。

网络空间从最初的"低政治"议题逐渐发展成为联系"高、低政治"的复杂领域，在规范建设上仍需要地区性与功能性国际组织的参与。普遍意义上，现有地区性国际组织成员也为主权国家，因而地区性国际组织具备浓厚的官方特质，在成员构成上亦可归为政府间国际组织。同时，功能性国际组织也努力推动组织内部规范建设与自身主要功能目标深度对接。基于区域化即涉及地理范围的有限性以及功能化即治理议题范围的专业性，地区性和功能性国际组织为网络空间国际规范的成熟发展提供了新的方向。

当今，技术问题对全球事务的影响力愈发增大，尤其是新技术的快速发展为全球规范体系建设留有较大空间。在全球性规则体系建设出现分化的当下，地区性与功能性国际组织承担着部分规范建设任务，通过召集自身组织成员的形式建设可行的组织内部运作规则是一种相对现实的考虑。

四　各类国际组织呈现不同特质的主要原因

在普遍性规则构建上，政府间国际组织发挥了绝对的领导性作用；但在标准建设方面，基于掌握较多资源以及具备丰富的经验，非政府国际组织在网络标准建设上发挥了其他类型国际组织难以企及的引领性作用。地区性国际组织正日益从区域层面不断深入构建网络规范。功能性国际组织也在与 ICT 紧密联系的相关领域开展网络空间国际规范建设，成为参与构建网络规范的行为体中不容忽视的一类国际组织。各类国际组织在网络空间国际规范制定中发挥着不同的作用，主要有以下三个原因。

其一，互联网及数字技术的发展历程决定着不同国际组织在构建网络规范问题上存在先后性。在理论层面，历史制度主义能够对其进行深度解释。历史制度主义关注政治事件发生的时间与次序，在历史制度主义的视角下制度形塑人类互动，随着时间的推移，制度中的限制和机遇的演变往往会创造出不同类型的政治博弈。[①] 网络空间的发展引发多重问题，既包括前沿技术的不断发展，也涉及与网络空间相关的一系列国际政治、经济、文化等热点问题，这些都影响着各类国际组织构建网络规范的走向。从互联网等数字技术发展的视角来看，网络空间发展所带来的国际规范空白导致不同国际组织开展这一议题的研究存在先后顺序。专业技术人员研发出互联网技术，推进数字信息产业基础设施的发展。因而，标准建设在很大程度上也由技术团体掌控。早期非政府国际组织凭借技术人员所掌握的行业性及其他相关层面的先发优势，能在规范建设过程中始终掌握核心资源。此外，近代以来形成的国际标准化体系也赋予非政府国际组织较大的主导权。以美国为首的西方发达国家作为网络空间的创建者，西方理念与运作模式深刻地应用于网络规范构建之中，这在很大程度上保证了西方发达国家所推崇的非政府国际组织能够维持其在网络资源与技术标准建设中的强大优势。但相关突发事件也会影响到非政府国际组织对网络空间国际规范建设的主导权。譬如，"棱镜门"

---

① 刘城晨：《论历史制度主义的前途》，《国际观察》2019 年第 5 期。

事件激起了包括欧洲国家在内的西方国家对美国网络霸权的不满，间接推动了互联网名称与数字地址分配机构管理权的移交。从而在一定程度上削弱了非政府国际组织在网络空间国际规范建设中的地位。同时，大国竞争也对国际组织所参与的网络规范制定产生了重要影响。

其二，基于自身定位，在网络规范机制建设选择上，各类国际组织有不同的选择意向。政府间国际组织作为主权国家参与国际事务的重要外交政策工具，在网络空间国际规范建设中的作用与政府对这一议题的重视程度呈正相关。发展中国家以及中小国家为了能提高自身在网络国际规范制定中的话语权，选择政府间国际组织作为其发声的重要平台。政府间国际组织为国家立场和政策提供合法性的同时，也会通过各种方式约束或影响成员国，通过创建行为原则、规范和准则影响国家决策。如果国家想要通过成员身份获益，那就必须使其政策符合这些行为原则、规范和准则的要求。无论大国还是小国都受到制约。① 政府间国际组织侧重于国际社会共同关心且偏向"高政治"领域的议题，包括制定与打击网络犯罪、网络基础设施防护、国家网络安全防御相关的规范准则。非政府国际组织自身在核心资源与技术标准的优势使其更偏向于围绕技术层面开展规范建设。互联网及数字技术对其他治理议题的影响逐渐加深，全球性规范也难以保证适用于各个国家，促进聚焦于区域层面的地区性国际组织以及传统经贸等专业化议题的功能性国际组织就自身关注的领域进行规范构建。这是对现有网络国际规范建设更为细化的补充，为各方寻求适用于自身的网络空间国际规范建设机制提供广阔的选择。因此，在网络规范构建过程中选择更为具体的议题根植于国际组织自身的属性与定位。

其三，网络文化也影响了不同类别国际组织对网络空间国际规范制定的态度。网络文化是指活跃在互联网上的人所使用的社会期望、礼节、历史和语言的集合。② 网络空间在发展早期，出现了一种浓厚的网络无政

① 参见［美］卡伦·明斯特《国际关系精要》，潘忠岐译，上海人民出版社2007年版，第163—164页。

② The Reflective Educator, "Definition of Cyber-culture", October 18, 2009, https://david-wees.com/content/definition-cyber-culture/.

府主义思潮，认为网络空间作为虚拟空间是独立于现实空间而存在的，政府没有管理网络空间的权力。其中，著名的网络自由主义者约翰·佩里·巴洛（John Perry Barlow）于 1996 年发表的《网络空间独立宣言》（*Declaration of Independence of Cyberspace*）代表了互联网早期从业人员对网络空间治理的理念与态度。巴洛认为网络空间是一个思维空间之家，是由交易、关系和思想组成的空间，不存在物质，因而传统工业社会的规则不适用于网络空间。网络空间与政府毫无关联，政府不要以为可以随便构建它。网络空间是一个自由的世界，任何人都可以自由参与其中并自由地表达见解。[①] 网络无政府主义，或可称为网络空间乌托邦思想，一定程度上推动了非政府国际组织取得在网络空间国际规范建设方面的优势地位。网络无政府主义继承了传统无政府主义的思想内核，认为凡是具有等级意义的权威集团或个人都会对以言论自由为代表的个人自由产生巨大的危害，因此毫无存在的必要。[②] 互联网社群对政府间国际组织的介入并不支持。因此，互联网早期文化环境的无政府属性也间接推动了非政府国际组织掌握较强的领导权。

国际组织根据自身属性与特质在网络规范制定中扮演着差异化角色，原因是多种多样的。互联网等数字技术及业态自身的虚拟化特质以及独特的发展历程、国际组织自身定位与机制选择、互联网社群的文化理念等都是重要原因。未来，随着新的技术革命到来，网络空间国际规范建设格局的不断变迁，国际组织所参与构建的网络空间国际规范也会进入新的阶段。

第二节　国际组织构建网络空间国际规范的未来

国际组织是构建网络空间国际规范的重要行为体，未来需要从理念、模式、组织架构、协作机制等各方面加强建设，推动这一规范体系的成熟。

---

① 参见 John Perry Barlow, "A Declaration of the Independence of Cyberspace", Electronic Frontier Foundation, February 8, 1996, https：//www. eff. org/cyberspace-independence。

② 刘力波：《网络无政府主义的意涵及发生探源》，《思想战线》2017 年第 1 期。

一　借鉴标准制定经验推动规则构建

网络空间国际规范制定是容易被政策界与学术界忽略的议题。针对前沿议题开展标准化建设既保证了技术稳定有序的研发，也为全球性总体规则建构奠定了重要基础。伴随新兴技术产业的深入发展与应用愈发离不开技术标准的有效规制，传统标准化国际组织虽然深度介入全球网络技术标准制定之中，但在地区和功能性领域，技术标准尚未得到各类地区性与功能性国际组织的充分重视。地区性与功能性国际组织作为所涉及成员与行业非全面性的国际机构，从区域性与功能性切入，在有限领域制定可行的技术标准也有助于志同道合的国家树立起可行的网络空间各方行为准则与治理机制，从而带动涉及"高政治"议题在内的网络空间宏观规则建设。

网络空间国际规范建设的重要特质在于，国际标准难以分化，即在全球范围内形成碎片化标准的可能性并不高。当前，国际社会在网络空间国际规范层面基本上形成了较为统一的标准体系。各方参与构建的网络空间国际技术标准趋于统一，未来形成碎片化趋势的可能性很低，而且，碎片化也不利于全球网络空间治理体系的发展。主要原因在于：第一，标准建设离不开全球产业链的紧密联系。数字信息产业现已发展成完备的全球产业体系，涉及各类软硬件基础设施的研发与生产。全球化已经使各国数字信息产业形成高度的相互依赖，各国对统一的标准有现实需求。第二，非国家行为体对互联网核心资源的分配仍发挥着较强的主导作用。一系列行业性非政府国际组织掌握着行业标准资源协调，具有丰富的治理的经验。各国政府尤其是新兴大国越发深入参与到国际标准建设中去，但在短时间内难以撼动现有以非政府国际组织为主导的国际标准建设格局。而且西方国家仍对各类掌握关键核心资源的私营机构具有重要影响力，这也决定了新兴国家若想基于不同的理念，开拓一套独立的技术标准体系至少在之后相当长的时期内难以实现。第三，网络空间的虚拟特质决定了标准制定的阻力相对较小。标准统一是推动技术发展的关键，如今互联网等一系列数字技术形态已商业化，其虚拟性以及与其他行业领域的深度联系决定着网络空间国际规范若形成碎片化的治理模式将导致各方治理成本的骤增。这既不符合各方共有利益，技术的发展也将难以为继。在统一规范的基础上，即使未来各攸关方在网络治理理念与模式的分野达到没有任何协调余地的程度，至多也只会形成两方或三方阵营。退一步而言，即使形成这种态势，所带来的技术与非技术成本将会极大增加，完全不利于网络空间国际秩序的稳定与全球网络空间治理体系的稳定发展，也与全球化潮流背道而驰。

全球数字产业链深度融合、非国家行为体主导网络核心资源、网络空间虚拟特质既是网络空间国际规范建设趋向统一、难以分裂的原因，也是互联网治理的重要属性，同样存在于规则构建之中。如今，规则制定所面临的困境需要各方从标准建设出发寻求突破。国际标准的制定有助于为各方在普遍性规则制定中提供可以借鉴的经验，共有技术标准的统一可以间接推动各方理念与模式的融合，使规则与标准建设相互促进，进而在总体上推进网络空间全球治理体系的成熟。

在 ICT 标准化的长期过程中，各方具有丰富的标准制定经验。早在互联网治理初期，针对域名、根服务器等互联网核心架构与基础设施进行了一系列标准化工作。随后互联网治理的主导权逐渐由核心技术人员转移到美国创建的一系列私营机构。21 世纪开始，伴随互联网对各行业影响的逐渐加深，参与互联网治理的攸关方开始扩大到各国政府、国际组织、私营团体、社群及个人等。互联网等数字基础设施建设规模的扩大进一步促进了参与方就相关标准进行磋商。互联网名称与数字地址分配机构、国际互联协会等由美国推动创立的互联网非政府国际组织以及现有从事标准化及电气电信行业领域的国际组织均开始涉及互联网等数字技术领域标准建设。互联网行业与电气电信技术的紧密联系也保证了国际电工委员会、国际电信联盟等从事电气电信行业治理的国际组织能够很快适应并参与到互联网标准建设之中。伴随互联网等数字技术更新迭代频率的提升，为各方就相关标准制定提供了广泛空间。相较于普遍性规则，网络空间标准制定深受专业技术的影响，行业专家对国际标准制定发挥着重要作用。同时，标准化受政治等其他因素影响较小，技术人员更多是从行业标准本身出发进行协商，网络空间标准建设稳步前进。

网络空间国际规范的公共产品性质决定全球标准一旦被制定出来就可以被所有个体所分享，成为具有非排他和非竞争的典型公共物品。共同的全球标准制造了积极的外部性，为各类行为体在网络空间领域的发展提供了极大便利，同时保证了多元行为体之间的合作协调，提高了全球治理效率。①

目前，中国等网络大国积极推动本国的网络新技术标准成为国际标准。国际组织、技术社群、公民个人等攸关方也密切关注网络技术标准前沿，保证互联网新技术在研发之始便在严密的规范框架内发展。国际标准为企业降低成本、提高生产力、进入新市场、促进更自由和更公平的全球贸易提供了战略指导。② 标准建设涉及更为广泛的利益攸关方，在制定过程中加深了各方观念与认知的交流，为普遍性规则的制定奠定了基础。

从联合国等国际组织参与构建的普遍性规则历程可以看出，网络空间总体规则乃至这一空间领域内国际法的制定是一个漫长过程，各方在意识形态、概念理解、核心利益、资源掌握等方面均存在一定差异，这使得国际社会尚未就该领域建立起一套各方支持且具有约束性质的规则。网络空间标准在自身属性、发展历程、涉及的参与方等方面决定了其具备成为普遍性规则的优势，进而有助于缓解现有网络空间普遍性规则面临停滞的局面。

二　提升既有多利益攸关方模式的弹性

无论是在与网络治理相关的国际组织内部管理还是网络空间的整体治理中，多利益攸关方模式均得到了广泛应用。可以说，多利益攸关方这一源于管理学的理论已经与网络空间治理议题紧密联系在一起。如今，各类互联网等数字新技术层出不穷，新兴国家在网络空间治理中的主导地位不断上升。基于网络空间与国家安全联系的日益紧密以及新兴国家网络治理理念与西方存在差异，多利益攸关方模式愈发受到非西方国家的质疑与批评。但这一模式依然被参与网络治理的各类行为体采用，长远来看，其依然会在网络治理进程中发挥难以替代的作用。因此，提升

---

① 参见蔡拓、杨雪冬、吴志成主编《全球治理概论》，北京大学出版社 2016 年版，第 127 页。

② ISO and IEC, "Using and Referencing ISO and IEC Standards to Support Public Policy", https：//www. iso. org/files/live/sites/isoorg/files/store/en/PUB100358. pdf.

这一模式的解释力与弹性，促进多利益攸关方模式与多边主义等其他治理模式的融合不失为一种可行的解决路径。

西方发达国家作为互联网的发源地，在网络空间享有特殊的地位和影响。然而，随着信息化与全球化的迅速发展，新兴国家的网络空间也快速成长。作为技术领先者以及后发者存在不同的利益考量，再加上自身政治制度与文化背景的不同，针对网络空间形成的治理理念也存在较大差异。认知的分化导致治理模式难以趋同。在西方国家长期占据主导网络空间国际规范建设优势地位的背景下，无论是作为政府间国际组织的联合国主导网络规则建设，还是领导互联网核心资源分配与技术标准制定的非政府国际组织，西方国家推崇的多利益攸关方模式发挥了重要作用。这一治理模式由以美国为首的西方发达国家创立，在推动互联网等数字技术普及的同时，也有利于西方国家发挥领导作用。网络空间国际规范建设是一个长期且循序渐进的过程，各参与方围绕规范构建的协作难以离开这一模式。但需要清楚地认识到，这一模式更多地以西方网络大国的利益为主，难以兼顾广大发展中国家的核心利益。囿于自身力量限制，发展中国家在全球网络治理中处于边缘位置。因而，一些发展中国家支持多边主义模式。多利益攸关方模式与多边主义模式均存在优势，规范制定的本质源于所有参与方存在共有认知与理念，更深层次在于传统权力与地缘政治博弈与竞争。西方发达国家与发展中国家因不同的利益追求导致存在不同的认知理念，因而上述两种模式很难同时得到所有参与方的认可。多利益攸关方模式的问题在于发展中国家的自身实力的限制使其难以成为重要的利益攸关方，因而其参与规范制定的权利难以得到保障。在这种情况下，多边主义模式则为发展中国家更深入地参与网络空间国际规范建设提供了路径。大多数发展中国家网络治理水平有限，只有政府能够代表本国提出自身利益诉求，多边主义模式更好地保证了发展中国家的利益。

由此可做出如下类比：多利益攸关方模式更强调治理议题的相关程度以及实际成效；而多边主义模式更强调包括发展中国家在内的所有主权国家平等参与网络空间治理。两种治理模式之争可以理解为"效率"与"公平"之争。这最早源于博弈论领域的"帕累托最优"概念，即在不减少其他任何人效用和福祉的情况下，如果任何生产与分配的重新安排与组合都不能增加另外一些人的效用与福祉,那么这种资源配置就属帕累托最优,① 帕累托最优是"效率"与"公平"的理想王国。在网络空间治理模式之争中,某种程度上也需要在"效率"与"公平"之间进行平衡。基于多利益攸关方模式依然在网络空间治理中占据主导,对该模式进行改进也是一种切实可行的方式。笔者认为,两种模式的融合是必要的,以中国为代表的发展中国家和新兴经济体倡导以尊重网络主权为基础,实行"多边主义"治理,倡导构建"网络空间命运共同体",使网络空间治理体系更加公正合理。在构建网络规范的机制体系内,标准建设技术要求较高,且参与规则制定的主体多元,包括国际组织、技术社群、企业等,因而在吸收更多发展中国家参与的过程中,各国政府应与非国家行为体平等协商,通过有效的、建设性的合作,推动网络空间人类命运共同体建设,共建共享一个更加和平、安全、开放、合作、繁荣和健康的全球网络空间。

因此,增强既有多利益攸关方模式的解释性与适用范围,促进上述两种模式的融合将有助于达成一个各类行为体均能接受的网络空间治理框架,从而促进各方深度对接彼此核心利益与理念认知,寻求并扩大彼此的合作基础。

三　推进理念与模式的融合

全球网络空间规则制定存在争议,一是因为参与规则制定的主体多元;二是因为网络空间涉及领域多元,政治、经济、社会、文化及军事因素深度嵌入。发展中国家与西方发达国家在网络空间理念界定与治理模式上长期存在分歧。原因既包括大国权力政治博弈,也涉及各类攸关方的利益。国际组织应成为各方沟通合作的重要平台,但目前政府间国际组织也尚未有效处理好各方分歧。分歧的化解是一个复杂且长期的过程。国际组织成员对网络规范构建的认知、指导理念以及运作模式均存在差异,这既是客观存在的现状,也是网络空间治理进程中所遇到的正常问题。新兴国家网络空间总体实力的上升使网络规范制定面临新的发

---

① 郑秉文:《帕累托最优的实现途径及其困难》,《辽宁大学学报》(哲学社会科学版)1992 年第 6 期。

展方向。国际组织有责任与义务协调认知、理念与模式的差异。

文明因交流而多彩，文明因互鉴而丰富。互联网已经成为不同民族、不同文化相互认识和了解的重要载体。平等对话，相互协调，相互借鉴，取长补短，实现"和而不同"的和谐世界是国际关系中的网络政治发展方向。[①] 国际组织尤其是全球性国际组织具备公共物品非竞争性与非排他性两大特征，[②] 这保证了国际组织对其他行为体的开放性，使其能够成为各方共享彼此治理理念认知与模式的表达平台。理念与模式融合在于避免网络空间国际规范建设的分化，促进各类行为体尽可能地寻求较大的共有空间。

网络空间作为国际社会新兴且愈发重要的全球公域，具备国际公共物品属性。网络空间国际规范作为随之发展的衍生性制度公共产品，虽具备非竞争性，但也存在一定的排他性。欧美等发达国家在全球网络空间治理领域占据主导地位。本能上会排斥发展中国家和新兴经济体对互联网等数字技术和网络规范的掌控与参与。具体表现为现有治理认知理念与模式的分化以及普遍性规则制定尚未取得突破性进展。因此，国际组织需要协调各类行为体所持有的不同治理理念与模式，尽可能削弱各方产生排他性行为的倾向，努力推动网络空间国际规范建设，破解全球网络空间治理难题。

在构建统一的国际规则过程中，各类行为体对维护自身利益与意识形态等非技术层面有较多考虑，根源是西方发达国家和发展中国家均希望在网络空间权力政治格局中占据优势地位。各方能否遵守既已达成的网络空间国际规则也是对其执行力与权威性的重要考验。因而，联合国等普遍性与权威性较高的国际组织通过各种专门机构召集各方开展规则建设，也需要注意网络大国的遵约与违约行为。标准化国际组织所涉及的专业技术类标准制定相对较少涉及政治、经济、文化等非技术议题。例如，国际标准化组织和国际电工委员会从"供求视角"解读利益攸关方也对该模式进行了一定的理念创新，这为从事宏观规则制定的国际组织提供了启示。

---

① 蔡翠红：《中美关系中的网络政治研究》，复旦大学出版社 2019 年版，第 35—36 页。
② 阎学通、杨原：《国际关系分析（第二版）》，北京大学出版社 2013 年版，第 270 页。

在理念与模式的融合过程中，政府间国际组织能发挥重要作用，尤其是对在政治、军事等领域权威度较高的国际组织而言。政府间国际组织作为官方属性较强的国际平台，促进网络大国扩大共有认知是构建可行规范的重要基础。而非政府国际组织的非官方属性使其自身负担较轻，更容易通过一系列非正式协调机制，促使各方扩大共识，寻求可期的共同利益。地区性及功能性国际组织更多关注组织内部规范建设，理念与模式的协调并不是其注重的重点。政府间与非政府国际组织理应承担化解认知与模式分歧的责任。

四　加强与各类行为体的对话协作

作为多方共治的典型议题之一，网络规范的制定离不开各方协作。在共同体建设方面，国际组织之间需要形成可靠的协作关系。国际电信联盟在标准化建设上的探索机制较为成熟，能为其他相关机构提供较多启示。整体而言，协作机制的成熟与共同体建设是未来国际组织构建网络规范的重要路径之一。

各类国际组织需要相互融合，形成紧密的协作机制。目前，国际电信联盟、国际标准化组织等在标准化建设上已形成机制化协作模式，未来需要更多国际组织加入其中。主权国家对不同类型的国际组织的重视程度不一。发展中国家和新兴经济体重视联合国框架体系，其以主权国家以及政府间的多边合作原则为基础，以负责任国家行为规范为核心，力图制定具有约束力的国际规则。而以欧美为代表的传统强国则重视非政府组织主导的多利益攸关方模式。因而，不同类型的国际组织协作形成有效的共同体有助于缓和网络规范制定理念与模式的分歧，缓解东西方在规范制定中所形成的潜在的权力政治对立态势。同时，网络空间的发展已使规范建设不再是某些国际组织的专门工作。网络空间作为横跨几乎所有跨国议题的全球公域，各类国际组织在国际规范制定过程中与网络空间产生交集的可能性大大增加。

此外，地区性与功能性国际组织也在规范制定进程中逐渐形成了较为成熟的运作模式，需要进一步和其他国际组织组成网络空间国际规范建设共同体。未来，地区性与功能性国际组织可就共同关心且与组织功能相关的规范议题进一步开展机制化协作，共同使各方行为准则与网络标准的制定更加切合组织内部成员的实际发展需求。一些国际组织内部已经形成的规范体系在条件允许的情况下需要向更高一级国际组织推广，使各类协作机制体系形成虽纵横交错、纷繁复杂却紧密有序的格局，从而推进网络规范制定在议题层面更加细化，运作机制更为成熟。不同类别的国际组织可以通过建立网络规则联合机构的形式开展合作。联合机构的设置能够把各类国际组织所关注的规则构建问题有效汇总，对已商议的领域进行统筹评估，汇总各方观点反馈给各个国际组织。

在机构协作方式上，各类联合机构的设立以及国际组织基于共有议题的共同体建设有助于网络规范运作机制的成熟发展。相近的国际组织通过设立各类协作小组乃至联合成立更高一级的合作机构有助于形成相互依赖的共同体，使各方充分发挥既有优势，扬长避短，形成"你中有我，我中有你"的协同合作格局。这种共同体的构建不仅有助于各机构工作效率的提升，还有助于创新国际组织机制合作，缓解遇到的阻力。传统理论认为，国际合作必然是在分散化、缺乏有效制度和规范的背景下进行的。各类行为体在文化上存在差异、地理上相分离，要进行合作，就有必要充分了解各自的动机和意图，克服因信息不充分所带来的问题。合作理论的核心在于合作的动力或收益要超过单边行动的动力或收益。[①]网络空间的出现使各类行为体地理距离不再是重要变量，但获得更多利益、维护自身安全与现有秩序的稳定仍然是各类行为体开展合作、寻求规范制约的主要驱动力。

国际组织既是网络空间国际规范建设的重要参与方，也为其他行为体参与全球网络空间治理提供了平台。因此，国际组织与政府、技术社群、企业、专家等主体的合作格外重要。未来构建网络规范的协作形式迈向多元化，政府、国际组织、专家和技术社群可以以主次不同等级的形式参与，协调自身角色与分工。参与成员的多样性有助于各类主体充分表达诉求。国际组织的自身特质决定了其在协调政府、企业、技术社群和专家认识方面具有优势。国际组织凭借既有国际影响力及充分掌握网络技术核心资源，不断推动现有多边论坛型对话机制升级，甚至创设

---

① 〔美〕詹姆斯·多尔蒂、小罗伯特·普法尔茨格拉夫：《争论中的国际关系理论》，阎学通等译，世界知识出版社 2003 年版，第 544 页。

新的协商平台。

各类"高政治"议题深度嵌入网络空间，由此政府在网络空间国际规范建设中的地位不断上升。政府不仅在普遍性规则制定中居于主导地位，也正深度介入网络技术标准的构建中。尤其是发展中国家和新兴经济体愈发重视自身在国际标准建设中的作用，积极寻求改善全球网络空间治理现状。因此，政府是国际组织构建网络规范的重要协作方。此外，跨国公司也一直是影响国际规范建设的重要行为体。尤其是微软、谷歌、苹果、华为、阿里巴巴等跨国 ICT 产业巨头，其强大的市场占有率以及自身技术的快速发展等优势保证了它们在网络规范特别是行业标准制定中掌握重要话语权。在新兴数字技术与产业飞速发展的当下，跨国巨头在技术研发中投入大量资源，力图在未来的行业竞争中继续保持优势地位。同时，跨国 ICT 产业巨头也是各类国际组织尤其是非政府国际组织从事网络空间国际规范建设的重要参与者。跨国巨头深受东西方网络空间竞争与博弈的影响，不可避免地成为东西方网络理念与模式差异下博弈与竞争的工具。国际组织作为各方竞合的重要平台，平衡各方利益、化解矛盾是其面临的一项巨大挑战。可见，国际组织与上述行为体协作就显得愈发重要，推动各方缓和网络空间国际规范建设的分歧是国际组织的重要使命。在对话方式上，国际组织所提供的对话平台对全球网络规范合作产生积极影响。各类对话机制与协商论坛的建立根植于各方需求，不受理念与模式差异的影响。

综上所述，国际组织共同体建设以及国际组织与其他行为体协作是一个长期的互动过程。全球网络空间治理体系正处于关键时期，国际组织需要在理念融合、机制建设等方面进一步提升自身能力，推动网络规范与互联网等数字技术发展相适应。

第三节　小结

本章对不同类型的国际组织参与构建全球网络规范做了进一步分析和总结。政府间国际组织在网络空间规则制定尤其是全球宏观规则方面发挥了重要作用。众多非政府国际组织深度影响网络空间国际标准化的走向，为推进互联网及数字产业标准化建设作出了突出贡献。地区性与功能性国际组织注重在组织内部构建出一套适用于成员国发展的规范体系。

　　未来，国际组织可把现有技术标准建设进程中所获得的实践经验与管理模式应用到宏观规则制定之中，推动标准与规则制定相协调。在运作模式上，面对发展中国家和新兴经济体在网络空间国际规范建设中发挥愈发重要的作用，国际组织需要积极听取它们的合理诉求，适当改革现有多利益攸关方模式，吸纳国际社会尤其是发展中国家的建议，促进网络空间更加稳定地发展。

第 九 章

结　　论

本书分别选取四类国际组织作为案例进行分析，以探讨不同类型的国际组织在网络空间国际规范建设中的作用，进而勾画出国际组织在全球网络空间治理中所扮演的角色。

第一节　研究总结

在网络规范制定中，不同类型的国际组织扮演不同角色（见表9-1）。其中，在普遍性规则制定方面，政府间国际组织具备强大的领导与动员能力。例如，联合国框架内的各类官方机构，成立了专门机构召集各国就非技术层面的网络空间宏观性国际规则进行协商。但在技术标准制定方面，只有国际电信联盟凭借在电信行业多年的经验，在网络空间技术标准建设上发挥了一定作用。因此，虽然面临一系列问题，但政府间国际组织在网络空间规范建设过程中仍扮演主导性角色，但在行业标准建设上未能起到绝对的引领性作用。

表9-1　　　　　参与网络空间国际规范建设的主要国际组织

国际组织			网络空间国际规范	
			网络空间国际规则 （普遍性/宏观规则）	网络空间国际标准 （行业与技术标准）
政府间 国际组织	联合国 体系	国际机构型	国际电信联盟（ITU）	
		国际论坛型	信息社会世界峰会（WSIS） 互联网治理论坛（IGF）	

续表

国际组织	网络空间国际规范	
	网络空间国际规则 （普遍性/宏观规则）	网络空间国际标准 （行业与技术标准）
非政府国际组织	全球网络空间稳定委员会 （GCSC）	国际标准化组织（ISO）、国际电工委员会（IEC）、国际互联网协会（ISOC）、互联网工程任务组（IETF）、万维网联盟（W3C）、电气和电子工程师协会（IEEE）
地区性国际组织	东盟（ASEAN）、欧盟（EU）、美洲国家组织（OAS）、非洲联盟（AU）、阿拉伯国家联盟（LAS）	
	上海合作组织（SCO）	
功能性国际组织	经合组织（OECD）、北约（NATO）、金砖国家（BRICS）、七国集团（G7）、二十国集团（G20）、亚太经济合作组织（APEC）	

资料来源：笔者自制。

　　相较于其他议题，网络空间治理的独特之处在于非政府国际组织掌握核心资源。尤其是在网络空间技术标准领域，ISO、IEC、ISOC、IETF、W3C 等众多非政府国际组织从互联网核心标准、网络通信标准、网页标准等不同方向引领国际统一网络标准建设。可以说，在网络空间技术标准构建上，非政府国际组织占据绝对优势地位。虽然政府间国际组织也存在专门从事制定网络规则的机构，但其更多是在外围领域提供政策咨询与建议，所提出的规则框架难以具备较强的执行力。

　　就地区性国际组织而言，其成员国集中于某一区域的特质决定了这类国际组织所构建的网络规范更适用于区域层面。基于不同成员国发展水平的高低，地区性国际组织在规范建设过程中也存在较大的差异。发达成员国占多数的欧盟、美洲国家组织等网络空间国际规范建设经验丰富，取得了显著成果，成为区域性国际规范构建的重要行为体。欧盟的网络空间国际规范建设已经深入相关法律制定层面。东盟等发展中成员国占多数的地区性国际组织注重网络空间的地区一体化建设，构建的区域网络规范相对成熟。相较于全球性国际组织,地区性国际组织成员国数量有限,成员国的需求相对集中,这有助于地区性国际组织构建网络规范效率的提升,并使所构建的规范体系对本地区成员国有较强的适用性。

功能性国际组织在网络空间国际规范建设中处于较为边缘的地位,但鉴于网络空间治理与政治、经济、社会、文化、军事等传统议题的紧密联系,功能性国际组织在其主要治理领域深度涉及网络空间。经合组织等功能性国际组织凭借自身在经贸、社会发展等传统领域的丰富治理经验,在网络空间国际规范建设上取得了一定成效。功能性国际组织作为国际组织参与网络空间国际规范建设的重要补充,有进一步发展的潜力和空间。

由此可见,不同类型的国际组织参与网络空间国际规范建设在规范内容、范围、程度等方面存在不同的特点。互联网及数字信息产业发展历史、国际组织选择与自身相符的运作机制以及网络空间治理文化均是各类国际组织发挥不同作用的主要影响因素。多利益攸关方模式也在规范构建进程中得到了深度应用。国际组织是网络空间国际规范建设的重要行为体,是召集各类行为体参与、汇集各方观点的重要平台,需要进一步提升国际规范建设在全球网络空间治理议题中的地位。

首先,国际组织需要推动网络空间技术标准与宏观规则的同步发展,尝试借鉴技术标准的既有经验推动规则制定摆脱现有的分化与停滞困境;其次,提升多利益攸关方模式的弹性,推动各方理念与模式融合,缓和各方构建网络规范理念模式和认知的差异;最后,国际组织自身需要加强共同体建设,增强与其他参与方的协作,建立更为具体的规范制定合作机制,从而深度推进网络空间国际规范体系的成熟与良性发展。

总之,国际组织自身是参与网络空间国际规范建设的重要行为体,也是各类行为体参与构建网络规范的重要平台。各类国际组织具有不同优势,很大程度上推动网络空间各领域国际规范的形成。未来,国际组织在规范制定的对象、模式、协作方式等各个方面仍有较大的提升空间。

第二节 对中国参与构建网络空间 国际规范的启示

中国作为数字新兴大国，近年来通过提出构建网络空间命运共同体、发起成立世界互联网大会国际组织、提出《全球数据安全倡议》《全球人工智能治理倡议》等方式深化参与全球网络空间治理。围绕深入参与各类国际组织，提升自身在构建网络规范中的影响力是参与全球网络空间治理的重要任务。

一 把握规范构建的关键机遇

网络空间中，技术发展的速度很快，人类社会受到深刻影响，但相关规则与技术标准难以跟上互联网发展治理需要，因而各国竞相在高新技术规范领域取得有利态势，力图在宏观规则与前沿技术标准建设方面发挥主导性作用。中国作为互联网大国，在数字前沿技术领域的综合实力不断提升。

一方面，面对各方在网络空间规则制定过程中的激烈博弈，中国在参与的同时需要提升自身理念的影响力。国际组织参与构建网络规范很大程度上根植于各国的既有认知。长久以来，各方在网络空间治理的概念理解与认知层面形成了不同观点。西方国家一直试图推动所谓的"网络民主""网络自由"等价值理念指导网络空间国际规范建设，并通过所谓的"数字威权主义"等针对发展中国家和新兴经济体进行污名化叙事，在实际操作中企图利用互联网及数据跨境传播的特质干涉非西方国家的政治体制与社会秩序，为其所谓的"小院高墙"策略以及开展高科技遏华小集团谋求正当性。而中国着眼于本国网络空间及数字治理的实际经验，超越各国社会制度与意识形态差异，站在全人类共同利益的高度，创造性地提出了网络空间主权、网络空间命运共同体等理念，明确表达自身对于网络空间全球治理的立场观点。中国提出国际社会应致力于维护一个和平、安全、开放、合作的网络空间，反对网络空间阵营化、军事化、碎片化，不得泛化国家安全概念，无理剥夺他国正当发展权利，不得利用网络技术优势，扩散进攻性网络技术，将网络空间变为地缘竞争的新战场。① 实际上，各方在网络治理理念方面也存在一定的共识，寻求并扩大共识有利于维护网络空间治理体系的稳定与发展。其中，第二版《塔林手册》一定程度上体现出理念融合在规则制定中的可行性。虽然该手册依然是由西方所主导，但中国等非西方国家学者首次参与了第二版手册的编撰，中国所倡导的网络空间主权原则在其中得到一定程度体现。可见，理念共识的产生与扩大是一个循序渐进的过程，需要各方共同努力。

在治理方式上，以美国为首的西方国家力推多利益攸关方模式作为网络空间治理的主导形式。而中国等新兴市场国家从网络空间治理的实际经验出发，强调政府应当扮演关键角色，坚持以联合国为中心的政府间国际组织应主导网络空间国际规则建设。伴随网络空间对国家安全重要性的上升，政府有义务保障网络空间秩序的稳定以维护国家安全，因而中国提出了基于政府发挥关键作用的多边主义与多利益攸关方相融合的治理模式。治理模式的分歧不应当成为规范制定的阻碍，网络空间对各类全球治理议题的深层次影响使各利益攸关方均难以置身事外。在打击网络犯罪、网络防御等事关国家安全的议题时需要政府发挥重要作用，而在其他"低政治"领域，非国家行为体凭借自身跨境属性具备更富有弹性的处理能力。中国提出的"多边主义 + 多利益攸关方"模式能够针对不同议题采取得当的运作方式，因而是一种较为可行的路径。寻求理念与模式的融合有助于指导各方在协作中达成相互认可的规范，而规范的建立又有利于新的共识与原则的生成，从而达到良性循环的目的。

在规则的塑造上，中国近年来通过一系列倡议性文件向国际社会展现中国的立场，提供中国方案。其中，全球发展倡议和全球安全倡议从更宏观的视角展现了中国立场，提出要深化信息安全领域国际合作，加强人工智能等新兴科技领域国际安全治理，预防和管控潜在安全风险，②同时要坚持创新驱动，抓住新一轮科技革命和产业变革的历史性机遇，

---

① 《关于全球治理变革和建设的中国方案》，中华人民共和国外交部，2023 年 9 月 13 日，https://www.fmprc.gov.cn/web/ziliao_674904/tytj_674911/zcwj_674915/202309/t20230913_11142009.shtml。

② 《全球安全倡议概念文件》，《人民日报》2023 年 2 月 22 日第 15 版。

加速科技成果向现实生产力转化，打造开放、公平、公正、非歧视的科技发展环境。① 而在具体议题领域，中国近年来通过《全球数据安全倡议》《全球人工智能治理倡议》开展国际规则供给实践，提出包括秉持发展和安全并重、人工智能发展坚持"以人为本""智能向善"等理念宗旨，② 通过向国际社会提供基础性规则体系，推动前沿数字技术规则体系建设走深走实。同时，中国也开始注重倡议性规则从双边层面切入，通过《中国—阿拉伯联盟数据安全合作倡议》和《"中国＋中亚五国"数据安全合作倡议》的达成，扩大相关倡议性规则体系的国际接受度，增强中国在规则体系建设中的感召力。未来，中国可进一步通过倡议的形式开展规则体系建设，充分利用倡议这种"软规范"的形式，积极寻求各方扩大共识，增进价值认同，为日后具体规则体系建设的完善奠定理念基础。

因此，中国提出的理念和模式与西方存在求同存异的可能，各方探索更多共识也一定会对网络规范的发展大有助益。中国提出的网络空间命运共同体等倡议超越了西方价值观念的束缚，更强调维护全人类在网络空间中的共同利益。这有助于推动公正合理的网络空间国际规则建设秩序，促使各方消除成见，构建出有利于全世界安全与繁荣的网络空间国际规则。

另一方面，数字前沿技术的加速演进为中国深度参与标准制定提供了更多机遇。随着数字技术深刻改变人类的生产生活，技术标准主导权成为衡量大国技术实力的重要指标，尤其是在前沿技术不断涌现的当下，技术标准成为各国竞争博弈的重点领域。中国在参与5G、6G等国际标准制定的进程中可见，已在一些关键标准领域完成了从追随学习者到引领开拓者的历史性跨越。在总体战略上，中国将参与国际标准建设纳入制度型开放、高水平对外开放乃至高质量发展的战略体系之中；在具体措施上，中国提出要推动人工智能发展，形成具有广泛共识

① 《习近平出席第七十六届联合国大会一般性辩论并发表重要讲话》，《人民日报》2021年9月22日第01版。
② 参见《全球数据安全倡议》，《人民日报》2020年9月9日第04版；《全球人工智能治理倡议》，中华人民共和国外交部，2023年10月20日，https://www.mfa.gov.cn/web/ziliao_674904/1179_674909/202310/t20231020_11164831.shtml。

的治理框架标准规范。①

近年来中国不断加大对数字技术的研发投入，目前，中国成为提出 5G 标准立项数量最多的国家，华为、中兴等中国科技企业掌握着 5G 标准的主导权。截至 2022 年 6 月，全球声明的 5G 标准必要专利共 21 万余件，涉及 4.7 万项专利族（一项专利族包括在不同国家申请并享有共同优先权的多件专利）。其中，中国声明 1.8 万项专利族，全球占比近 40%，排名第一。② 截至 2022 年 12 月 31 日，全球声明的 5G 标准必要专利超过 8.49 万件，有效全球专利族超过 6.04 万项，有效全球专利族排名前十位的企业中，中国企业占据 5 家。③ 在人工智能标准化领域，2017 年 7 月国务院印发的《新一代人工智能发展规划》将人工智能标准化作为重要支撑保障，提出要加强人工智能标准框架体系研究。未来中国会持续完善人工智能安全标准体系，开展基础共性安全标准研究，加快推动《信息安全技术生成式人工智能预训练和优化训练数据安全规范》等标准的编制发布。④ 同时中国也积极参与 ISO 和 IEC 等机构的人工智能标准化工作。在参与方式上，中国数字企业、高校、科研院所、研究协会等各类机构共同参与人工智能、区块链等各类数字前沿标准体系建设，体现出产学研多元行为体协同并举的态势。

未来，前沿数字技术是网络空间发展的重点领域，新兴技术的规范建设也会是网络规范发展的关键领域。面对传统网络空间规则尚未发展成熟，在前沿技术领域及时构建合理且可持续的规范体系，弥补所造成伦理、国际法等方面的空白，促进新兴技术的健康发展。参与引领构建

---

① 《关于全球治理变革和建设的中国方案》，中华人民共和国外交部，2023 年 9 月 13 日，https://www.fmprc.gov.cn/web/ziliao_674904/tytj_674911/zcwj_674915/202309/t20230913_11142009.shtml。

② 谷业凯：《我国声明的 5G 标准必要专利达 1.8 万项》，《人民日报》2022 年 6 月 10 日第 07 版。

③ 《全球 5G 标准必要专利及标准提案研究报告（2023 年）》，中国信息通信研究院知识产权与创新发展中心，2023 年 4 月，http://www.caict.ac.cn/kxyj/qwfb/ztbg/202304/P020230421528385442774.pdf。

④ 《人工智能安全标准化白皮书（2023 版）》，全国信息安全标准化技术委员会、大数据安全标准特别工作组，2023 年 5 月，https://www.tc260.org.cn/upload/2023-05-31/1685501487351066337.pdf。

新兴技术国际规范，对中国提升自身国际地位、掌握国际话语权具有极为重要的意义。

二 推进国际协商合作平台建设

网络空间国际规范发展至今，既有的各类机制建设愈发成熟。网络空间国际规范制定涉及官方与非官方层面众多机构，多边协商对话平台的设立保证了各方能够就自身关心的议题自由开展讨论。随着中国在网络空间国际规范制定中主导权日益提升，中国迫切需要深度参与相关国际机制建设。

一方面，中国要积极参与现有各类国际组织与国际论坛。现有从事网络空间治理的国际组织中，联合国占据重要地位。中国也一直强调联合国应当在网络空间治理中发挥重要作用。近年来中国深度参与联合国及其附属机构的工作，并积极加入联合国体系下 WSIS、IGF 等多边治理论坛的讨论中。赵厚麟在 2015 年就任国际电信联盟秘书长，成为该机构首位中国籍秘书长。中国近年来向 ITU 提供了诸多先进技术方案，双方签署了有关"一带一路"建设的合作协议。[①] 中国还与俄罗斯等上合组织成员国向联合国大会提交了《信息安全国际行为准则》，代表网络空间新兴国家积极发声。中国也明确提出支持联合国在全球数字治理和规则制定方面发挥主导作用，愿与各方一道就数字发展及全球数字治理的突出问题寻求解决思路，凝聚国际共识，以《全球数据安全倡议》为基础，制定数字治理国际规则。[②] 同时，中国推动相关非政府国际组织机构落户中国。2023 年 9 月，在中国国际服务贸易交易会上，国际标准化组织管理咨询技术委员会秘书处在北京成立，这是国际标准化组织成立 76 年来，首个管理领域的国际标委会秘书处落户中国。[③] 在人员参与上，中国

---

① 《专访：国际电信联盟期待与中国进一步加强合作——访国际电信联盟秘书长赵厚麟》，新华社，2022 年 10 月 25 日，https：//www.news.cn/world/2022 - 10/25/c_1129078671. htm。

② 《关于全球治理变革和建设的中国方案》，中华人民共和国外交部，2023 年 9 月 13 日，https：//www.fmprc.gov.cn/web/ziliao_674904/tytj_674911/zcwj_674915/202309/t20230913_11142009. shtml。

③ 《首个管理领域国际标委会秘书处落户中国》，新华社，2023 年 9 月 5 日，https：//www.news.cn/mrdx/2023 - 09/05/c_1310740045. htm。

国家电网有限公司董事长舒印彪成为国际电工委员会第 36 届主席。电气与电子工程师协会作为全球最大的非营利性专业技术学会，中国有 25000 余名会员，200 余位会士，遍布多个高科技领域。① 未来，中国应鼓励更多专业技术人员参与到非政府网络治理组织之中。中国需要通过人员培训、技术交流、理念建构等方式与相关国际组织深度合作，增强自身在国际机构中的话语权。地区性国际组织是中国参与网络空间国际规范建设的重要抓手，未来中国可以深化同东盟、欧盟、非盟等主要区域组织的协作关系，充分对接彼此规范，推进中国成熟的数字治理规范的"外溢"，有利于中国在网络空间国际规范建设中主导权的提升。同样，在二十国集团、金砖国家等功能性国际组织中，聚焦数字经济等发展议题，中国同样可以积极采取此方式，将这些国际组织作为国内网络空间法规与全球普遍适用的规范体系之间的重要中间平台，为中国践行制度型开放提供了更多实践空间。因此，既有多形态的多边机制是中国参与建设网络空间国际规范的关键抓手，中国在参与不同机制时需要积极推进既有多边机制的深层次改革，促使其符合国际社会的普遍利益，并与技术的迭代发展相适应。

另一方面，构建新型多边合作机制应被纳入中国长期战略规划中。近年来中国已经开始尝试向国际社会提供新型多边协作平台，世界互联网大会是其中的突出代表。2022 年世界互联网大会国际组织的成立表明中国希望通过设立常设机构推动网络空间治理体系向更加公正合理的方向发展。互联网大会国际组织作为国际性、行业性、非营利性的社会组织吸引了全球相关企业、组织、机构和个人的广泛参与，体现出其包容开放的特质。同时，借助世界互联网大会等新型多边机制，中国提出的新型治理模式更能有效化解当前网络空间国际规范制定所面临的挑战，满足国际社会的普遍期待。习近平指出，推进全球互联网治理体系变革，应该坚持尊重网络主权、维护和平安全、促进开放合作、构建良好秩序；加快全球网络基础设施建设，促进互联互通；打造网上文化交流共享平台，促进交流互鉴；推动网络经济创新发展，促进共同繁荣；保障网络安全，促进有序发展；构建互联网治理体系，促进公平正义的"四项原

① 《IEEE 在中国》，电气与电子工程师协会，https://cn.ieee.org/ieeechina/。

则"与"五点主张"。中国还强调国际社会应致力于维护一个和平、安全、开放、合作的网络空间,① 倡导各方遵守网络空间国际规则,不搞网络霸权。② 中国认为全球网络空间治理体系的变革应建立在共建共治共享基础上,各方需要协商制定网络空间规则。这些倡议赢得了世界各国尤其是发展中国家的认同。中国所主导的互联网治理模式摆脱了西方发达国家力图建立规范霸权的旧有模式,基于"大家的事由大家商量着办"的原则赢得了越来越多国家的赞赏。

国际组织是开展一系列网络空间治理实践的重要平台载体,规范的构建是一个长期过程,需要各方充分、坦诚且无偏见地交流。各类多边机制的出现使各方协商与合作成为可能。中国作为网络空间大国,有责任和义务提供促进各方公平对话与协作的国际平台。未来,中国应将国际新机制建设纳入参与网络空间全球治理体系长远战略规划之中,通过对网络空间治理实际进展走向以及数字技术演进与应用进行及时且全面的评估,适时推进相关新型多边合作机制的生成,推进网络空间国际规范与技术发展及全球治理体系更相契合,以更符合国际社会的普遍利益。

因此,全方位深化参与既有各类国际组织以及尝试创建新型多边机制是中国推动网络空间国际协作平台建设的重要方式,其战略目的在于提升中国在网络空间国际规范建设中的主导权,促进网络空间国际规范的生成符合全人类的共同利益与价值理念。同时,这也是破解美国等西方国家构筑"小院高墙"等排他性高科技体系的有效方式。

---

① 《关于全球治理变革和建设的中国方案》,中华人民共和国外交部,2023 年 9 月 13 日,https：//www.fmprc.gov.cn/web/ziliao_674904/tytj_674911/zcwj_674915/202309/t20230913_11142009.shtml。

② 《习近平向 2023 年世界互联网大会乌镇峰会开幕式发表视频致辞》,《人民日报》2023年 11 月 9 日第 01 版。

参考文献

中文文献

［美］彼得·卡赞斯坦、罗伯特·基欧汉、斯蒂芬·克拉斯纳编：《世界政治理论的探索与争鸣》，秦亚青等译，上海人民出版社 2006 年版。

［美］劳拉·德拉迪斯：《互联网治理全球博弈》，覃庆玲、陈慧慧等译，中国人民大学出版社 2017 年版。

［泰］克里安沙克·基蒂猜沙里：《网络空间国际公法》，程乐、裴佳敏、王敏译，中国民主法制出版社 2020 年版。

蔡翠红：《中美关系中的网络政治研究》，复旦大学出版社 2019 年版。

蔡拓、杨雪冬、吴志成主编：《全球治理概论》，北京大学出版社 2016 年版。

陈元桥：《ISO 26000 系列讲座：利益相关方与社会责任》，《中国标准化》2011 年第 4 期。

方滨兴主编：《论网络空间主权》，科学出版社 2017 年版。

方芳、杨剑：《网络空间国际规则：问题、态势与中国角色》，《厦门大学学报》（哲学社会科学版）2018 年第 1 期。

高晓雁编著：《当代国际组织与国际关系》，河北大学出版社 2008 年版。

耿召：《规则与标准并重：网络空间国际规范的类型化研究》，《情报杂志》2023 年第 1 期。

耿召：《区域组织视角下东盟网络空间规范构建与国际合作》，《东南亚研究》2022 年第 5 期。

耿召：《数字空间国际规则制定中的功能性组织角色：以经合组织为例》，《国际论坛》2023 年第 4 期。

耿召：《网络安全国际规则制定中建立信任措施应用研究》，《情报杂志》
　　2022 年第 11 期。

耿召：《网络空间技术标准建设及其对国际宏观规则制定的启示》，《国际
　　政治研究》2021 年第 6 期。

耿召：《新时期中国如何参与构建网络空间国际规则》，《人民论坛》2019
　　年第 21 期。

耿召：《政府间国际组织在网络空间规治中的作用：以联合国为例》，《国
　　际观察》2022 年第 4 期。

郭丰、刘碧琦、赵旭：《多利益相关方机制国际实践研究》，《汕头大学学
　　报》（人文社会科学版）2017 年第 9 期。

郭良：《聚焦多利益相关方模式：以联合国互联网治理论坛为例》，《汕头
　　大学学报》（人文社会科学版）2017 年第 9 期。

国家标准化管理委员会编：《国际标准化工作手册》，中国标准出版社
　　2003 年版。

何露杨：《互联网治理：巴西的角色与中巴合作》，《拉丁美洲研究》2015
　　年第 6 期。

何晓跃：《网络空间规则制定的中美博弈：竞争、合作与制度均衡》，《太
　　平洋学报》2018 年第 2 期。

黄志雄：《网络空间国际规则博弈态势与因应》，《中国信息安全》2018 年
　　第 2 期。

黄志雄：《网络空间国际规则制定的新趋向——基于〈塔林手册 2.0 版〉
　　的考察》，《厦门大学学报》（哲学社会科学版）2018 年第 1 期。

居梦：《网络空间国际软法研究》，武汉大学出版社 2021 年版。

郎平：《从全球治理视角解读互联网治理"多利益相关方"框架》，《现代
　　国际关系》2017 年第 4 期。

郎平：《"多利益相关方"的概念、解读与评价》，《汕头大学学报》（人
　　文社会科学版）2017 第 9 期。

郎平：《国际互联网治理：挑战与应对》，《国际经济评论》2016 年第
　　2 期。

郎平：《全球网络空间规则制定的合作与博弈》，《国际展望》2014 年第
　　6 期。

郎平:《网络空间国际规范的演进路径与实践前景》,《当代世界》2022 年第 11 期。

郎平:《网络空间国际治理机制的比较与应对》,《战略决策研究》2018 年第 2 期。

郎平:《网络空间国际治理与博弈》,中国社会科学出版社 2022 年版。

郎平:《网络空间国际秩序的形成机制》,《国际政治科学》2018 年第 1 期。

李艳:《网络空间国际治理中的国家主体与中美网络关系》,《现代国际关系》2018 年第 11 期。

李艳:《网络空间治理机制探索——分析框架与参与路径》,时事出版社 2018 年版。

梁西:《国际组织法》,武汉大学出版社 1998 年版。

刘建武、周小毛、谢晶仁:《美国问题研究报告 2015》,光明日报出版社 2016 年版。

刘贤刚等:《数据安全国际标准研究》,《信息安全与通信保密》2018 年第 12 期。

刘彦文、张晓红主编:《公司治理》,清华大学出版社 2014 年版。

龙坤、朱启超:《网络空间国际规则制定——共识与分歧》,《国际展望》2019 年第 3 期。

鲁传颖:《全球网络空间稳定:权力演变、安全困境与治理体系构建》,格致出版社 2022 年版。

鲁传颖:《网络空间安全困境及治理机制构建》,《现代国际关系》2018 年第 11 期。

鲁传颖:《网络空间治理与多利益攸关方理论》,时事出版社 2016 年版。

[美] 迈克尔·施密特总主编,[爱沙尼亚] 丽斯·维芙尔执行主编:《网络行动国际法塔林手册 2.0 版》,黄志雄等译,社会科学文献出版社 2017 年版。

饶戈平主编:《国际组织法》,北京大学出版社 1996 年版。

沈逸:《全球网络空间治理原则之争与中国的战略选择》,《外交评论》(外交学院学报) 2015 年第 2 期。

沈逸、杨海军主编:《全球网络空间秩序与规则制定》,时事出版社 2021

年版。

宋文龙：《欧盟网络安全治理研究》，世界知识出版社 2020 年版。

唐惠敏、范和生：《网络规则的建构与软法治理》，《学习与实践》2017 年第 3 期。

汪晓风：《网络战略：美国国家安全新支点》，复旦大学出版社 2015 年版。

王杰、张海滨、张志洲主编：《全球治理中的国际非政府组织》，北京大学出版社 2004 年版。

王孔祥：《互联网治理中的国际法》，法律出版社 2015 年版。

王蕾：《"信息就是力量"：信息生产与规范竞争》，《世界经济与政治》2023 年第 1 期。

王蕾：《自下而上的规范制定与网络安全国际规范的生成》，《国际安全研究》2022 年第 5 期。

王联合、耿召：《中美网络空间规则制定：问题与方向》，《美国问题研究》2016 年第 2 期。

王明国：《全球互联网治理的模式变迁、制度逻辑与重构路径》，《世界经济与政治》2015 年第 3 期。

王艳主编：《互联网全球治理》，中央编译出版社 2017 年版。

肖莹莹：《地区组织网络安全治理》，时事出版社 2019 年版。

肖莹莹：《网络安全国际规范的研究进展》，《中北大学学报》（社会科学版）2015 年第 1 期。

肖莹莹：《网络安全治理：全球公共产品理论的视角》，《深圳大学学报》（人文社会科学版）2015 年第 1 期。

邢悦、詹奕嘉：《国际关系：理论、历史与现实》，复旦大学出版社 2008 年版。

熊李力：《专业性国际组织与当代中国外交：基于全球治理的分析》，世界知识出版社 2010 年版。

徐龙第、郎平：《论网络空间国际治理的基本原则》，《国际观察》2018 年第 3 期。

徐龙第：《网络空间国际规范：效用、类型与前景》，《中国信息安全》2018 年第 2 期。

徐培喜：《全球网络空间稳定委员会：一个国际平台的成立和一条国际规

则的萌芽》,《信息安全与通信保密》2018 年第 2 期。

徐莹:《当代国际政治中的非政府组织》,当代世界出版社 2006 年版。

阎学通、杨原:《国际关系分析(第二版)》,北京大学出版社 2013 年版。

杨剑:《数字边疆的权力与财富》,上海人民出版社 2012 年版。

杨丽、丁开杰主编:《全球治理与国际组织》,中央编译出版社 2017 年版。

姚相振、周睿康、范科峰:《网络安全标准体系研究》,《信息安全与通信
保密》2015 年第 7 期。

尹继武:《中国的国际规范创新:内涵、特性与问题分析》,《人民论坛·
学术前沿》2019 年第 3 期。

于军:《全球治理》,国家行政学院出版社 2014 年版。

于连超、王益谊:《美国标准战略最新发展及其启示》,《中国标准化》
2016 年第 5 期。

张丽君编著:《全球政治中的国际组织(IGOs)》,华东师范大学出版社
2017 年版。

张萌萌:《互联网全球治理体系与中国参与的机构路径》,《哈尔滨工业大
学学报》(社会科学版)2018 年第 5 期。

张豫洁:《评估规范扩散的效果——以〈网络犯罪公约〉为例》,《世界经
济与政治》2019 年第 2 期。

赵瑞琦:《网络安全国际规范博弈:理论争鸣与价值再造》,《南京邮电大
学学报》(社会科学版)2018 年第 5 期。

赵志云主编:《网络空间治理:全球进展与中国实践》,社会科学文献出
版社 2021 年版。

郑文明:《互联网治理模式的中国选择》,《中国社会科学报》2017 年 8 月
17 日第 3 版。

中国网络空间研究院编著:《中国互联网发展报告 2022》,中国工信出版
集团、电子工业出版社 2022 年版。

英文文献

Alex Grigsby, "The End of Cyber Norms", *Survival Global Politics and Strate-
gy*, Vol. 59, No. 6, 2017, pp. 109 – 122.

Andrew Chadwick and Philip N. Howard eds. , *Routledge Handbook of Internet*

Politics, New York: Routledge, 2009.

Andrew F. Cooper, Brian Hocking and William Maley, *Global Governance and Diplomacy: Worlds Apart?* London: Palgrave Macmillan, 2008.

Andrew F. Cooper, Christopher W. Hughes and Philippe De Lombaerde, eds., *Regionalisation and Global Governance the Taming of Globalisation?* London and New York: Routledge, 2008.

Andrew Liaropoulos, "Exploring the Complexity of Cyberspace Governance: State Sovereignty, Multi-stakeholderism, and Power Politics", *Journal of Information Warfare*, Vol. 15, No. 4, 2016, pp. 14 – 26.

Anja Mihr, "Good Cyber Governance: The Human Rights and Multi-Stakeholder Approach", *Georgetown Journal of International Affairs*, International Engagement on Cyber IV, 2014, pp. 24 – 34.

Anna-Maria Osula and Henry Rõigas, eds., *International Cyber Norms: Legal, Policy & Industry Perspectives*, Tallinn: NATO CCD COE Publications, 2016.

ASEAN, "Chairman's Statement of the 2nd ASEAN Ministerial Conference on Cybersecurity", September 18, 2017, https://asean.org/wp-content/uploads/2012/05/2nd-AMCC-Chairmans-Statement-cleared.pdf.

Charlotte Streck, "New Partnerships in Global Environmental Policy: The Clean Development Mechanism", *The Journal of Environment & Development*, Vol. 13, No. 3, 2004, pp. 295 – 322.

Christian Reuter ed., *Information Technology for Peace and Security: IT Applications and Infrastructures in Conflicts, Crises, War, and Peace*, Wiesbaden: Springer Vieweg, 2019.

Christine Kaufmann, "Multistakeholder Participation in Cyberspace", *Swiss Review of International and European Law*, Vol. 26, No. 2, 2016, pp. 217 – 234.

Dana Brakman Reiser and Claire Kelly, "Linking NGO Accountability and the Legitimacy of Global Governance", *Brooklyn Journal of International Law*, Vol. 36, 2011, pp. 1011 – 1074.

David Armstrong, Theo Farrell and Helene Lambert, *International Law and International Relations*, New York: Cambridge University Press, 2007, p. 21.

Derrick L. Cogburn, *Transnational Advocacy Networks in the Information Society Partners or Pawns?* New York: Palgrave Macmillan, 2017, pp. 3 – 21.

Diana Panke, Stefan Lang and Anke Wiedemann, *Regional Actors and Multilateral Negotiations Active and Successful?* London and New York: Rowman Littlefeld, 2018, p. 25.

Ernesto U. Savona ed. , *Crime and Technology New Frontiers for Regulation*, *Law Enforcement and Research*, Dordrecht: Springer, 2004.

George C. Bitros and Nicholas C. Kyriazis, eds. , *Democracy and an Open-Economy World Order*, Cham: Springer, 2017.

Ige F. Dekker and Wouter G. Werner, eds. , *Governance and International Legal Theory*, Dordrecht: Springer-Science and Business Media, 2004.

Ingolf Pernice, "Global Cybersecurity Governance: A Constitutionalist Analysis", *Global Constitutionalism*, Vol. 7, No. 1, 2018, pp. 112 – 141.

Jan-Frederik Kremer and Benedikt Müller, eds. , *Cyberspace and International Relations: Theory*, Prospects and Challenges, Berlin, Heidelberg: Springer, 2014.

Jeanette Hofmann, "Multi-stakeholderism in Internet Governance: Putting a Fiction intoPractice", *Journal of Cyber Policy*, Vol. 1, No. 1, 2016.

Jeremy Malcolm, *Multi-Stakeholder Governance and the Internet Governance Forum*, Perth: Terminus Press, 2008.

Joseph N. Pelton and Indu B. Singh, *Digital Defense: A Cybersecurity Primer*, Cham: Springer, 2015.

Jovan Kurbalija and Valentin Katrandjiev, eds. , *Multistakeholder Diplomacy Challenges and Opportunities*, Malta and Genva: DiploFoundation, 2006.

Jovan Kurbalija, *An Introduction to Internet Governance*, 7th Edition, Geneva: DiploFoundation, 2016.

Laura DeNardis, et al. , eds. , *Researching Internet Governance: Methods*, *Frameworks*, *Futures*, Cambridge: The MIT Press, 2020.

Laura DeNardis, *The Global War for Internet Governance*, New Haven and London: Yale University Press, 2014.

Leroy Bennett and James K. Oliver, *International Organization Principles and*

Issues, 7th edition, New Jersey: Pearson, 2001.

Madeline Carr, "Power Plays in Global Internet Governance", *Millennium: Journal of International Studies*, Vol. 43, No. 2, 2015, pp. 640 – 659.

Martha Finnemore and Duncan B. Hollis, "Constructing Norms for Global Cybersecurity", *The American Journal of International Law*, Vol. 110, No. 3, 2016, pp. 425 – 479.

Michael N. Schmitt ed. , *Tallinn Manual 2. 0 on the International Law Applicable to Cyber Operations*, New York: Cambridge University Press, 2017.

Michael N. Schmitt ed. , *Tallinn Manual on the International Law Applicable to Cyber Warfare*, New York: Cambridge University Press, 2013.

Michael Portnoy and Seymour Goodman, eds. , *Global Initiatives to Secure Cyberspace: An Emerging Landscape*, Boston: Springer, 2009.

Nadine Godehardt and Dirk Nabers, eds. , *Regional Powers and Regional Orders*, London and New York: Routledge, 2011.

Nanette S. Levinson, "The Multistakeholder Model in Global Technology Governance: A Cross-Cultural Perspective", APSA 2013 Annual Meeting Paper, American Political Science Association 2013 Annual Meeting.

National Research Council, *Proceedings of a Workshop on Deterring Cyberattacks: Informing Strategies and Developing Options for U. S. Policy*, Washington D. C. : The National Academies Press, 2010.

Panayotis A. Yannakogeorgos, "Internet Governance and National Security", *Strategic Studies Quarterly*, Vol. 6, No. 3, 2012, pp. 102 – 125.

Paul Cornish, "Governing Cyberspace through Constructive Ambiguity", *Survival*, Vol. 57, No. 3, 2015, pp. 153 – 176.

Peter J. Katzenstein ed. , *The Culture of National Security: Norms and Identity in World Politics*, New York: Columbia University Press, 1996.

Philippe De Lombaerde, Francis Baert and Tânia Felício, eds. , *The United Nations and the Regions Third World Report on Regional Integration*, Dordrecht: Springer, 2012.

Robert O. Keohane, "Multilateralism: An Agenda for Research", *International Journal*, Vol. 45, No. 4, 1990, pp. 731 – 764.

Rolf H. Weber, *Realizing a New Global Cyberspace Framework Normative Foundations and Guiding Principles*, Berlin, Heidelberg: Springer, 2015.

Roxana Radu, Jean-Marie Chenou and Rolf H. Weber, eds., *The Evolution of Global Internet Governance Principles and Policies in the Making*, Berlin, Heidelberg: Springer, 2014.

Scott J. Shackelford, et al., "iGovernance: The Future of Multi-Stakeholder Internet Governance in the Wake of the Apple Encryption Saga", *North Carolina Journal of International Law and Commercial Regulation*, 2017, Kelley School of Business Research Paper No. 16 – 74.

Terry D. Gill, et al., eds., *Yearbook of International Humanitarian Law Volume 15, 2012*, The Hague: T. M. C. Asser Press, 2014.

附　　录

主要英文缩略词

《国际电信规则》（*International Telecommunication Regulations*，ITRs）

《国际电信规则》专家工作组（Expert Group on *the International Telecommunication Regulations*，EG-ITRs）

《增强东盟—欧盟区域对话合作文件》（*Enhanced Regional EU-ASEAN Dialogue Instrument*，E-READI）

阿拉伯国家联盟（League of Arab States，LAS）

国际电工委员会电工设备和部件合格评定方案体系（IEC System of Conformity Assessment Schemes for Electrotechnical Equipment and Components，IECEE）

国际电工委员会电子元器件质量评估系统（International Electrotechnical Commission Quality Assessment System For Electronic Components，IECQ）

国际电工委员会可再生能源应用设备标准认证体系（IEC System for Certification to Standards Relating to Equipment for Use in Renewable Energy Applications，IECRE）

国际电工委员会理事会（IEC Board，IB）

国际电工委员会秘书处（IEC Secretariat，SEC）

包括5G的未来网络机器学习焦点小组（ITU – T Focus Group on Machine Learning for Future Networks including 5G，FG-ML5G）

北大西洋公约组织（North Atlantic Treaty Organization，NATO）

北约卓越合作网络防御中心（the NATO Cooperative Cyber Defence

Centre for Excellence，CCDCOE）

标准化管理委员会（Standardization Management Board，SMB）

德国标准化学会（Deutsches Institut für Normung，DIN）

地区性国际组织（Regional Organizations，ROs）

第五代移动通信技术（5th Generation Mobile Communication Technology，5G）

第一联合技术委员会（ISO/IEC JTC 1）

电工产品合格测试与认证组织（IEC System of Conformity Assessment Schemes for Electrotechnical Equipment and Components，IECEE）

电气和电子工程师协会（Institute of Electrical and Electronics Engineers，IEEE）

电信标准化顾问组（Telecommunication Standardization Advisory Group）

电信和信息技术高级官员会议（Telecommunications and Information Technology Senior Officials Meeting，TELSOM）

电子元器件质量评定体系（IEC Quality Assessment System for Electronic Components，IECQ）

东盟地区论坛（ASEAN Regional Forum，ARF）

东盟电信监管事会（ASEAN Telecommunications Regulators' Council，ATRC）

东盟电信与信息技术部长级会议（ASEAN Telecommunications and IT Ministers Meeting，TELMIN）

东盟跨国犯罪高级官员会议（ASEAN Senior Officials Meeting on Transnational Crime，SOMTC）

东盟跨国犯罪问题部长级会议（ASEAN Ministerial Meeting on Transnational Crime，AMMTC）

东盟网络安全部长级会议（ASEAN Ministerial Conference On Cybersecurity，AMCC）

东盟—新加坡网络安全卓越中心（ASEAN-Singapore Cybersecurity Centre of Excellence，ASCCE）

东南亚国家联盟（Association of Southeast Asian Nations，ASEAN）

东西方研究所（EastWest Institute，EWI）

独立国家联合体（Commonwealth of Independent States，CIS）

多利益攸关方咨询小组（Multistakeholder Advisory Group，MAG）

防爆电气产品认证体系（IEC System for Certification to Standards Relating to Equipment for Use in Explosive Atmospheres，IECEx）

非商业用户利益攸关方群体（the Non-Commercial Users Stakeholder's Group）

非商业用户选区（the Noncommercial Users Constituency）

非政府国际组织（International Non-Governmental Organizations，INGOs）

非洲联盟（African Union，AU）

分布式账本技术（Distributed Ledger Technology，DLT）

高级别峰会组织委员会（High-Level Summit Organization Committee，HLSOC）

工作组（Working Groups，WGs）

功能性国际组织（Functional International Organizations，FIOs）

国际标准化组织（International Organization for Standardization，ISO）

国际电工委员会（International Electrotechnical Commission，IEC）

国际电信联盟（International Telecommunication Union，ITU）

国际电信联盟电信标准化部门（ITU's Telecommunication Standardization Sector，ITU – T）

国际电信世界大会（World Conference on International Telecommunications，WCIT）

国际和平与安全体系（International Peace and Security，IPS）

国际互联网协会（Internet Society，ISOC）

国际劳工组织（International Labour Organization，ILO）

国际民航组织（International Civil Aviation Organization，ICAO）

国际刑警组织（International Criminal Police Organization，INTERPOL）

国际原子能机构（International Atomic Energy Agency，IAEA）

国际组织（International Organizations，IOs）

国家委员会（National Committees，NCs）

海牙战略研究中心（the Hague Centre for Strategic Studies，HCSS）

合格评定委员会（Conformity Assessment Board，CAB）

互联网工程任务组（Internet Engineering Task Force，IETF）

互联网工程指导小组（Internet Engineering Steering Group，IESG）

互联网架构委员会（Internet Architecture Board，IAB）

互联网名称分配机构（Internet Assigned Numbers Authority，IANA）

互联网名称与数字地址分配机构（the Internet Corporation for Assigned Names and Numbers，ICANN）

互联网研究工作组（Internet Research Task Force，IRTF）

互联网治理联合国工作组（Working Group on Internet Governance，WGIG）

互联网治理论坛（International Governance Forum，IGF）

集体安全条约组织（Collective Security Treaty Organization，CSTO）

计算机紧急情况反应小组（Computer Emergency Response Team，CERT）

技术委员会（Technical Committees，TC）

建立信任措施（Confidence Building Measures，CBMs）

经合组织数字经济政策委员会（OECD Committee on Digital Economy Policy，CDEP）

经济合作与发展组织（Organization for Economic Co-operation and Development，OECD）

开放式工作组（Open-Ended Working Group，OEWG）

理事会（Council Board，CB）

联合国（United Nations，UN）

联合国安理会反恐怖主义委员会执行局（Counter-Terrorism Committee Executive Directorate，CTED）

联合国裁军事务厅（United Nations Office for Disarmament Affairs，UNODA）

联合国裁军研究所（United Nations Institute for Disarmament Research，UNIDIR）

联合国毒品和犯罪问题办事处（United Nations Office on Drugs and

Crime，UNODC）

联合国互联网政策委员会（UN Committee on Internet-Related Policy，UN－CIRP）

联合国教科文组织（United Nations Educational，Scientific and Cultural Organization，UNESCO）

联合国经济与社会理事会（United Nations Economic and Social Council，ECOSOC）

联合国开发计划署（United Nations Development Programme，UNDP）

联合国贸易和发展会议（United Nations Conference on Trade and Development，UNCTAD）

联合国欧洲经济委员会（United Nations Economic Commission for Europe，UNECE）

联合国人权理事会（United Nations Human Rights Council，UNHRC）

联合国人权事务高级专员办事处（Office of the United Nations High Commissioner for Human Rights，OHCHR）

美国国家标准协会（American National Standards Institute，ANSI）

美国国家标准与技术研究院（National Institute of Standards and Technology，NIST）

美欧贸易与技术委员会（EU-US Trade and Technology Council，TTC）

美洲国家组织（Organization of American States，OAS）

欧洲电信标准协会（European Telecommunications Standards Institute，ETSI）

欧洲联盟（European Union，EU）

全球网络安全指数（Global Cybersecurity Index，GCI）

全球网络空间稳定委员会（Global Commission on the Stability of Cyberspace，GCSC）

人工智能（Artificial Intelligence，AI）

上海合作组织（Shanghai Cooperation Organization，SCO）

世界标准合作组织（World Standards Cooperation，WSC）

世界电信标准化全会（World Telecommunication Standardization Assembly，WTSA）

世界电信发展会议（World Telecommunication Development Conference，WTDC）

世界电信政策论坛（World Telecommunications Policy Forum，WTPF）

世界经济论坛（World Economic Forum，WEF）

世界卫生组织（World Health Organization，WHO）

市场战略委员会（Market Strategy Board，MSB）

数字连接和网络安全伙伴关系（Digital Connectivity and Cybersecurity Partnership，DCCP）

万维网联盟（World Wide Web Consortium，W3C）

网络犯罪工作小组（Working Group on Cybercrime，WG on CC）

网络空间全球会议（Global Conference on Cyber Space，GCCS）

物联网（Internet of Things，IoT）

下一代移动通信网（Next Generation Mobile Networks，NGMN）

小组委员会（Subcommittees，SCs）

信赖计算组织（Trusted Computing Group，TCG）

信息社会世界峰会（World Summit on the Information Society，WSIS）

信息通信技术（Information and Communication Technology，ICT）

研究咨询小组（Research Advisory Group，RAG）

英国标准化协会（British Standards Institution，BSI）

征求意见书（Request for Comments，RFC）

政府间国际组织（Intergovernmental Organizations，IGOs）

政府专家组（Group of Governmental Experts，GGE）

执行委员会（Executive Committee，EXCO）

智能制造协调委员会（Smart Manufacturing Coordinating Committee，SMCC）

中央办公室（Central Office，CO）

后　记

　　本书是在本人博士论文的基础上修改而成。从 2014 年跨专业就读上海外国语大学国际关系专业硕士研究生起，我一直围绕自己感兴趣的网络空间治理、网络安全等议题进行研究，尤其是 2017 年在上海外国语大学继续攻读博士学位以来，我聚焦上述议题进行更深入地探究，本书可谓是多年来围绕这一领域所取得的一项阶段性成果。

　　本书的顺利完成离不开诸多师长的支持与帮助。我首先要感谢硕博学习阶段的导师王联合教授。王老师是我迈入国际关系学术殿堂的领路人，他治学严谨，在学术研究上给予我充分的自由，鼓励我在感兴趣且擅长的领域畅快遨游。本书的顺利完成与王老师辛勤的指导密不可分。王老师十分关心我的学业与生活，无论是在申请出国访学，还是论文写作与投稿，王老师都积极为我出谋划策，引领我在学术道路上稳步前行。王老师正直的品行、高尚的人格，深深影响着我。

　　在博士二年级期间，我获得国家留基委资助前往美国哥伦比亚大学政治学系交流，感谢外方导师罗伯特·杰维斯（Robert Jervis）教授给予的帮助与鼓励。访学期间我在哥伦比亚大学查找了大量相关资料，聆听了诸多学术讲座与会议，开阔了学术视野，为本书写作的有序推进奠定了重要基础。虽然杰维斯教授已驾鹤西去，但他在办公室潜心治学的身影永远刻印在我的脑海中，成为不断激励我前行的动力。

　　在博士论文的开题答辩时，刘宏松教授、孙德刚研究员、韦宗友教授、汪段泳副研究员提出了诸多宝贵建议，令我获益匪浅。钱皓教授、宋国友教授、孙竞昊教授、汪晓风副研究员、汤蓓教授在预答辩与正式答辩中提出了颇具价值的修改意见，为博士论文进一步完善指明了方向。

在博士论文撰写及之后书稿修订过程中，针对一些具体问题，吴文成教授、蔡翠红教授、鲁传颖研究员提出了许多有价值的建议，促使我进一步深入思考。官进胜教授和王公龙教授也围绕框架的调整提出了宝贵意见，郎平研究员围绕一些关键概念的界定提供了帮助，在此对诸位老师的辛苦付出表示诚挚的谢意。此外，十分感谢上海外国语大学政治学学科点的各位老师在我硕博学习阶段给予的指导，在上海外国语大学国际关系与公共事务学院六年的学习让我获益良多。学界各位学友的支持也为我顺利完成此书提供了持续的动力。

结束在上外博士阶段的学习，我进入中共上海市委党校（上海行政学院）科学社会主义教研部工作。从学生向教师身份上的转变赋予我新的机遇和挑战，我也在努力积极地适应这一变化。幸运的是学校始终支持青年教师的发展，这本书能够顺利出版也得益于学校创新团队的资助，在此感谢创新团队首席专家袁峰教授等各位领导同事的支持与关心。中国社会科学出版社郭曼曼等编辑和校对老师为本书的出版做了大量工作，特此感谢。

本书的部分内容已在《国际政治研究》《国际观察》《国际论坛》《东南亚研究》《情报杂志》《复旦国际关系评论》等刊物发表，感谢庄俊举主任、王海媚老师、郭树勇主编、刘玉副主任、王明进副主编、张志洲主任、丁懿楠老师、潘多老师、吴宏娟副主编、白燕琼副主编、贺小利老师、郑宇主编、陈拯教授等编辑部老师的辛勤付出和匿名审稿专家的修改建议，感谢上述刊物给予我展示研究成果的宝贵机会。

我还要感谢我的父母，在他们的无私支持与鼓励下，我顺利完成了学业，他们是我坚强的后盾，这本书也是献给他们的礼物。

本书既是我围绕网络空间治理领域研究的阶段性成果，也是我主持的2022年国家社会科学基金青年项目"中美数字技术国际标准制定竞争及我国对策研究"的一项阶段性研究成果，为当下开展数字技术与国际关系研究奠定了重要基础。我会以本书的出版为契机，在数字技术与国际关系研究中力图取得突破，不负关心鼓励我的各位老师家人朋友的期望。

耿 召

于上海

2023 年 12 月